千姿百态的溶洞奇观

王子安◎主编

汕头大学出版社

图书在版编目（CIP）数据

千姿百态的溶洞奇观 / 王子安主编. -- 汕头 ：汕头大学出版社，2012.5（2024.1重印）
ISBN 978-7-5658-0818-0

Ⅰ．①千… Ⅱ．①王… Ⅲ．①溶洞－普及读物 Ⅳ.①P931.5-49

中国版本图书馆CIP数据核字(2012)第097723号

千姿百态的溶洞奇观

主　　编：王子安
责任编辑：胡开祥
责任技编：黄东生
封面设计：君阅天下
出版发行：汕头大学出版社
　　　　　广东省汕头市汕头大学内　邮编：515063
电　　话：0754-82904613
印　　刷：唐山楠萍印务有限公司
开　　本：710 mm×1000 mm　1/16
印　　张：12
字　　数：75千字
版　　次：2012年5月第1版
印　　次：2024年1月第2次印刷
定　　价：55.00元
ISBN 978-7-5658-0818-0

前　言

　　这是一部揭示奥秘、展现多彩世界的知识书籍，是一部面向广大青少年的科普读物。这里有几十亿年的生物奇观，有浩森无垠的太空探索，有引人遐想的史前文明，有绚烂至极的鲜花王国，有动人心魄的考古发现，有令人难解的海底宝藏，有金戈铁马的兵家猎秘，有绚丽多彩的文化奇观，有源远流长的中医百科，有侏罗纪时代的霸者演变，有神秘莫测的天外来客，有千姿百态的动植物猎手，有关乎人生的健康秘籍等，涉足多个领域，勾勒出了趣味横生的"趣味百科"。当人类漫步在既充满生机活力又诡谲神秘的地球时，面对浩瀚的奇观，无穷的变化，惨烈的动荡，或惊诧，或敬畏，或高歌，或搏击，或求索……无数的探寻、奋斗、征战，带来了无数的胜利和失败。生与死，血与火，悲与欢的洗礼，启迪着人类的成长，壮美着人生的绚丽，更使人类艰难执着地走上了无穷无尽的生存、发展、探索之路。仰头苍天的无垠宇宙之谜，俯首脚下的神奇地球之谜，伴随周围的密集生物之谜，令年轻的人类迷茫、感叹、崇拜、思索，力图走出无为，揭示本原，找出那奥秘的钥匙，打开那万象之谜。

　　溶洞是大自然的杰出造化，我国是世界上著名的溶岩发达国家。已经发现的大的溶洞内，有地面上所看到的千姿百态的自然景观，如地下塔林，巨型透明开花石笋、水母石、银耳石、卷曲石等等。世界各地溶

1

洞的大量发现，开辟了旅游、考古和医疗的新天地。在国外，近几十年来，越来越多的人把探测参观溶洞作为一种体育活动。

世界各地溶洞的大量发现，开辟了旅游、考古和医疗的新天地。溶洞这一地下宝藏是人类的一大财富，更多地发现和开发各类溶洞，对人类进步有更大的好处。《千姿百态的溶洞奇观》一书以岩溶与溶洞、中国的著名溶洞与世界的著名溶洞以及溶洞的相关传说作了深入的介绍，使读者在阅读该书的同时更能领略大自然鬼斧神工的杰作。

此外，本书为了迎合广大青少年读者的阅读兴趣，还配有相应的图文解说与介绍，再加上简约、独具一格的版式设计，以及多元素色彩的内容编排，使本书的内容更加生动化、更有吸引力，使本来生趣盎然的知识内容变得更加新鲜亮丽，从而提高了读者在阅读时的感官效果。

由于时间仓促，水平有限，错误和疏漏之处在所难免，敬请读者提出宝贵意见。

2012年5月

目 录

第一章　溶洞介绍

第二章　中国溶洞

第三章　世界溶洞

第四章　溶洞传说

第一章　溶洞介绍

岩溶洞穴是一种重要的旅游资源。亿万年来，经历了板块运动、海陆变换之后，地球上形成了很多神秘的溶洞。其中有些洞穴已经被人们发现揭密并慢慢展现在世人面前，比如我国著名的京东大溶洞、桂林芦笛岩、重庆芙蓉洞、湖南黄龙洞等。古往今来，有很多探险家都在不断探寻着溶洞的深层秘密，希望能够完全了解它们。但直到现在，世界上的大部分溶洞对人类而言还是一个未知的神秘世界，吸引着世人继续探索。

我们在看很多地理杂志的时候，经常会看到"岩溶""溶洞""喀斯特地貌"这三个词语，很多人对此感到糊里糊涂的，不直到三者有什么区别和联系。这一章我们就来分别介绍一下"岩溶""溶洞"与"喀斯特地貌"的具体概念与特征，溶洞和喀斯特地貌的形成原因、过程及其类型，为大家了解这一神秘的地质奇观提供一些参考信息。

岩溶与溶洞

岩溶，karst，亦译作喀斯特。岩溶指可溶性岩石，特别是碳酸盐类岩石（如石灰岩、石膏等），受含有二氧化碳的流水溶蚀，有时还加以沉积作用而形成的地貌。岩溶地貌往往呈奇特形状，有洞穴、石芽、石沟、石林、溶洞、地下河，也有峭壁。此种地貌地区往往奇峰林立，岩石裸露、草木不生，有洞穴、落水洞、地下河但却缺乏地表河流和湖泊。

溶洞，英文名为 Karst Cave。石灰岩地区经过地下水的长期溶蚀，最终形成了溶洞。石灰岩的主要成分是碳酸钙，在有水和二氧化碳时发生化学反应生成碳酸氢钙。碳酸氢钙能溶于水，于是形成空洞，并逐步扩大。这种现象在南斯拉夫亚德利亚海岸的喀斯特高原上最为典型，所以常把石灰岩地区的这种地形笼统地称为喀斯特地形。

千姿百态的溶洞奇观

岩溶洞穴只能发育在石灰岩、白云岩、石膏等可溶岩体中；而可溶岩必须具有能提供水流运移的空间，如裂隙、节理、层面、空隙等，才能形成岩溶神奇秀美、洞景幽幻迷人的景观。

喀斯特地貌

喀斯特地貌指的是可溶岩（主要是分布最广的碳酸盐岩）经以溶蚀为先导的喀斯特作用，形成地面坎坷嶙峋、地下洞穴发育的特殊地貌。1893 年，斯维奇在研究该第纳尔经典喀斯特区时，把这一景观概念的山志名引进为喀斯特区一系列作用与现象的总称，此后"喀斯特"一词便成了一种科学术语，如今已成为了国际通用术语。

在地球上,喀斯特的分布地区极为零散,如法国的科斯、中国的广西、美国的肯塔基州等。

地表喀斯特形态 >>>

(1)溶沟和石芽。溶沟是指地表水沿在岩石表面和裂隙流动过程中不断对岩石进行溶蚀和侵蚀,从而形成的石质沟槽;石芽指突出于溶沟之间的石脊,它实际是溶沟形成过程中的残余物,形成条件是厚层、质纯、产状平缓、垂直节理稀疏和湿热的气候环境。

溶沟和石芽是一类伴生于灰岩面的小起伏组合形态。它可以是裸露的,也可在土壤覆盖下发育。前者形成的形态较尖锐,后者则相对圆滑。一般的溶沟宽至数十厘米,深数厘米至数米,长数厘米至10米。石芽的类型有很多,如小尖脊石芽、山脊状或牙状石芽、斗状溶沟石芽、长垣状或槽坪状溶沟石芽、棋盘状溶沟石芽,及溶盆、溶囊,其形态与岩性、构造、存在形式、坡度和气候环境有关。我国南方红土覆盖下发育有牙状石芽以及高大的石林,比如云南地区的石林就是发育得比较好的形态高大的石芽群。而大面积布满溶沟石芽的平缓地面被称为石灰岩劣地,又称溶沟原野,俗称石海。

(2)石林。石林是一种林状喀斯特景观。石林喀斯特是在地壳运

动、构造裂隙、生物作用和土壤侵蚀作用配合下，因碳酸盐岩被地表水和地下水溶蚀而形成的各种石柱组合体。这些石柱表面溶蚀形态丰富，造型奇特，组合复杂，蕴含了丰富的人文和美学信息。石林喀斯特的发育演化过程中经受了多方面因素的影响，如漫长的地质历史、复杂的古地理变迁、被玄武岩覆盖烘烤、湖盆沉积物埋藏，以及地壳抬升等。

目前世界上所说的石林是特指，即中国云南石林。它位于昆明石林彝族自治县境内，距市区80千米，主要包括大石林、乃古石林、大叠水瀑布、芝云洞、奇风洞、长湖、月湖等七个景区。景区内石峰林立、万峰迭嶂，千姿百态的石峰、石柱、石花、石

坪、石流……犹如一片莽壮黝黑的森林，被誉为"天下第一奇观"。该石林景区是我国第一批国家重点风

度约16℃，是一个集自然风光、民族风情、休闲度假、科学考察为一体的著名大型综合旅游区。

该石林被誉为"世界喀斯特的精华"，以喀斯特景观为主，以"雄、奇、险、秀、幽、奥、旷"著称，具有世界上最奇特的喀斯特地貌（岩溶地貌）景观，以形成历史久远、类型齐全、规模宏大、发育完整等特点被誉为"天下第一奇观"、"造型地貌天然博物馆"，在世界地学界享有盛誉。

该石林的形成时间约为2.7亿年前，经历了漫长的地质演化和复杂的古地理环境变迁后才形成了现今这种极为珍贵的地质遗迹。它涵盖了地球上众多的喀斯特地貌类型，世界各地的石林仿佛都汇集于

景名胜区，这里"冬无严寒，夏无酷暑，四季如春"，气候属亚热带低纬度高原山地季风气候，年平均温

此，有马来西亚的石林、美洲的石林、非洲的石林等。在相差不到 500 米的高度差上，有着丰富多样的类型：

布及景观特点，全区可分为八个旅游片区：石林景区、黑松岩（乃古石林）景区、芝云洞、长湖、飞龙

石牙、峰丛、溶丘、溶洞、溶蚀湖、瀑布、地下河，是典型的高原喀斯特生态系统和最丰富的立体全景图。

　　景区范围广袤，气势大度恢弘，面积达 1100 平方千米，保护区为 350 平方千米，里面山光水色应有尽有，而且各具特色。按景观空间分

瀑（大叠水）景区、圭山国家森林公园、月湖、奇风洞。其中开发为游览区的是：石林风景区（中心景区）、黑松岩风景区、飞龙瀑风景区、长湖风景区。在这些景区中，又以石林景区最具代表性。它为核心区，有景点百余处，"石林胜境""千钧

一发""凤凰梳翅""阿诗玛"等游人熟知的景点多集中于此。

进入景区，就仿佛步入了时间的隧道，大自然的鬼斧神工令人叹为观止。悠游海底迷宫，峭壁万仞、石峰嶙峋，像千军万马，又似古堡幽城，如飞禽走兽，又像人间万物，惟妙惟肖，栩栩如生，构成一幅神韵流动、蔚为壮观的天然画卷。

同时，石林又被誉为"中国阿诗玛的故乡"，这是因为石林的魅力不仅仅在于自然景观，还在于独具特色的石林撒尼土著风情。在丛丛石峰和漫无边际的红土地上，散发着极其耀眼的民族、历史文化及人文的璀璨光芒。石林撒尼人，是彝族的一

个支系，以勤劳、勇敢、热情著称。两千多年来，撒尼人世代生活在这里，与石林共生共息，创造出了以"阿诗玛"为代表的内涵丰富、影响深远的彝族文化。"阿诗玛"不仅代表了石林的形象，也代表了云南省旅游的形象。用彝文记录的古老的撒尼叙事长诗《阿诗玛》被译成20多种文字在国内外发行，还被改编

成中国第一部彩色立体声电影《阿诗玛》，享誉海内外；撒尼歌曲《远方的客人请您留下来》名扬天下；每年农历六月二十四的彝族火把节是撒尼人的传统节日，摔跤、斗牛、火把狂欢等活动轮番上阵，被誉为"东方狂欢节"。

（3）落水洞。落水洞是地表水流入地下的进口，其表面形态与漏斗相似，是地表及地下岩溶地貌的过渡类型。它形成于地下水垂直循环极为流畅的地区，即在潜水面以上。落水洞的形成，在开始阶段是以沿垂直裂隙溶蚀为主。当孔洞扩大以后，下大雨时，地表大量流水集中到落水洞，冲到地下河。洪水携带着大量的泥沙石砾，往下倾泻，对洞壁四周进行磨蚀，使落水洞迅速扩大。有时岩体崩塌，也可使落水洞扩大。因此落水洞是流水沿垂直裂隙进行溶蚀、冲蚀并伴随部分崩塌作用的产物。

不过，落水洞也不是一直向下贯通的，当地表水下透一段距离之后，落水洞就会顺着岩层的倾斜方向，或者节理的倾斜情况而发育。比如落水洞在水平地层发育，会像阶梯那样逐级下降，而在节理众多的地层中，又会形成曲折回环的形态。落水洞的形态有很多种，比如裂隙状的、筒状的、锥状的及袋状的等等。它们既可直接表现于地表，也可

套置于岩溶漏斗的底部。由于落水洞常沿构造线、裂隙和顺岩层展布方向呈线状或带状分布，因此它也可作为判明暗河方向的一种标志。

云南省沧源县落水洞位于藏龙谷景区。据说当年龙王子发怒用水淹没勐来峡谷后，这水越积越深，到这就排不出去了，然后这顽皮的龙王子就把这当作了他洗澡玩耍的地方。有一天，他感冒了，就重重地打了个震天动地的喷嚏。令他万万没想到的事情发生了，他的一个喷嚏竟然打通了一个洞，洪水纷纷往这个洞里流下去。他非常害怕，便急忙藏到了前面100多米处的一个溶洞里，7天7夜不敢出来，人们便将那个洞称为藏龙洞。后来，他看看四周好似没有什么动静，就跑到落水洞里看个究竟，看完才发现原来他的喷涕竟然打通了一条7千米长的暗河，他非常高兴，就又接着跑到这里嬉水玩耍了。所以，现在人们又把这落水洞称为龙宫，这座山谷则称为藏龙谷，即藏龙谷景区。

（4）天坑和竖井。天坑和竖井是由于岩溶地面不断凹陷而形成的漏斗状的圆形洼地或竖井状的洞，在我国的重庆和四川南部地区分布较为广泛。天坑和竖井多形成于陡峭的坡地两侧和洼地、盆地底部，因为流水沿着岩石的裂隙侵蚀强烈，所以天坑或竖井通常深达几十米到几百米。

（5）喀斯特洼地。喀斯特洼地，又称"溶蚀洼地"，是碳酸盐岩地区由于溶蚀作用所形成的负地形的总称。它包括小至漏斗，大至喀斯特盆地等多种喀斯特地貌。

喀斯特洼地由喀斯特水（指喀斯特地区流水，包括地表水和地下水）垂直循环作用加强形成，也可由地下洞穴塌陷形成。大洼地底部平坦，有较厚的沉积物；小洼地底部平地很小，沉积物很薄甚至缺乏。洼地的规模主要与以下几个方面因素有关：

①与洼地的集水面积有关。洼地的集水面积指的是汇集降雨的面积，洼地的规模和深度随汇集面积而变化，一般规模较小。

②与该洼地在地下水系中所处的位置有关。一般来说，在地下水系的上游，因其控制的流域面积小，洼地水量小，洼地规模也小；在水系的下游，流域面积大，通过洼地的水量大，洼地规模也大。

③与喀斯特水的排泄方式和水平循环的强度有关。喀斯特水的排泄有两种方式：一种是通过地下排泄；另一种是通过地表排泄，包括地表河和洪水期通过洼地的地表水流。这两种方式经常转化，在枯水期，以地下排泄形式为主；在洪水期，地下水大量涌向地表，两种排泄方式并存；到洪水期后期，以地表排泄为主。而且，在流域的不同区域，排泄方式亦有显著的差异：在流域上游，地表水迅速转化为地下水，表现为强烈的垂直循环，这种方式作用下洼地面积较小；在流域下游两种排泄方式并存，地表流水时间较长、水量也大，水平循环作用的

强度加强，洼地面积较大。

④与地壳运动有关。当地壳运动趋于稳定时，洼地趋向扩大；而地壳上升运动强烈时，则在大洼地中形成叠置的小洼地，洼地向纵深方向发展。

喀斯特洼地的类型包括漏斗、圆洼地、合成洼地、槽谷、喀斯特盆地、喀斯特湖等。喀斯特漏斗是喀斯特区地表呈漏斗形或碟状的封闭洼地，又称溶斗、斗淋、盘坑等，直径一般在100米以内，面积为几十平方米到几

百平方米，底部常被薄层溶蚀残余物质充填，有时有落水洞通往地下，起消水作用。它是洼地的初始形态，广泛分布于各种洼地的底部和河流阶地上。

喀斯特圆洼地是四周为喀斯特峰林封闭的洼地，直径为数百米至数千米不等。它与喀斯特漏斗不易区别，一般来说，在形态上，圆洼地的底部较平坦，有很薄的土层，可以耕种，漏斗的底部平坦且面积小；在生产实践上，则以底部直径100米为两者的分界，圆洼地可以由漏斗扩大而成。

喀斯特合成洼地是由多个圆洼地合并而成的呈长条状的洼地，常沿构造带发育，底部形状不规则。

喀斯特槽谷是由合成洼地进一步发育而成的槽状谷地，又称喀斯特谷地。其发育主要受地质构造的控制，长几十至一百余千米，面积达几十至几百平方千米，谷坡急陡，谷底平坦，可以耕作。

喀斯特盆地为喀斯特区宽广平坦的盆地或谷地。它的形成与构造作用有关，长、宽数千米至几十千米。盆地内有新第三纪至第四纪的堆积物，以及喀斯特孤峰、残丘，底部或边缘常有泉水和暗河出没。喀斯特盆地不断扩大，形成近乎水平的、面积达数百平方千米的平原，称为喀斯特平原，有些学者把它称为喀斯特边缘平原。平原上除有溶蚀残

余红土和冲积层覆盖外，其间还散布着孤峰和残丘。

喀斯特湖是由喀斯特作用形成的湖泊。它的形成有两种情况：①由漏斗或落水洞的淤塞聚水而成，其水量变化大；②由喀斯特低洼地直接与地下含水层相联系而成，这种湖终年有水，水量平稳，地下含水层接近地面。小型坛状或井状的喀斯特湖称为溶潭，其直径都在百米以内，是地下水埋深较浅的天然露头，常年或雨季出流，潭水常与地下河有关。洞穴中的喀斯特湖称为喀斯特地下湖，它往往和地下河连通，或由地下河局部扩大而成，起着储存和调节地下水的作用。

（6）喀斯特丘陵。喀斯特丘陵是受喀斯特作用形成的起伏不大的石灰岩丘陵，相对高差通常在100～150米左右，坡度不如峰林陡，小于45°，已不具峰林形态。它与喀斯特洼地的组合成为了亚热带喀斯特区的主要类型，以中国黔北、鄂西、川东为典型。在新构造运动上升区，河流强烈下切，侵蚀作用加强，丘陵、峰丛、峰林被切割成为陡峻的喀斯特山地。这些山地的相对高差可达数百米以上，顶部和上部喀斯特形态显著，半山腰则多出现悬挂泉水或暗河出口的洞流，山坡上石芽裸露，山体下部侵蚀作用显著，有喀斯特悬谷分布。

对喀斯特丘陵的研究在科学理论上和生产实践上都有重要的实际意义。喀斯特区有许多不利于生产的因素需要克服和预防，如有些地区因喀斯特发育而使地表严重缺水，或在雨季时地表水来不及排泄，使一些喀斯特洼地积水成灾，影响农业生产；喀斯特洞穴导致坝区、库区发生渗漏；采矿或开挖隧道时发生涌水；喀斯特地下水位迅速下降，导致地面的塌陷；路基或铁路建筑物遇地下喀斯特泉水受淹等。不过，喀斯特区也有大量有利于生产的因素。如喀斯特洞穴是地下水运动和贮存的良好场所，可将洞穴作为地

下水库，进行发电和灌溉；喀斯特泉水水量充沛，水质良好，适宜用于灌溉、饮用，且有承压性，便于开发利用；喀斯特矿泉、温泉富含

有益的元素和气体，有很高的医疗价值；喀斯特区的矿产资源较丰富，尤以喀斯特洞穴和古喀斯特面上的各种沉积矿产最为丰富。近些年来，随着石油、天然气的勘探和开采，人们发现不仅古喀斯特潜山是良好的储油气构造，而且喀斯特区的奇峰异洞、明暗相间的河流、清澈的喀斯特泉等也都是很好的旅游资源。

（7）干谷。干谷是地表径流消失后岩溶区遗留下来的谷地，它的形成原因是河流的某一段河道水流沿着谷底的竖井或水洞流入地下，形成地下径流。人们把这种地表径流转为地下径流的现象叫做伏流。干谷还有一种形成原因，即它是人类对河道进行裁弯取直的结果。这种地貌类型在我国华北地区和东北地区比较常见。

（8）峰丛、峰林、孤峰、天生桥。①峰丛是可溶性岩受到强烈溶蚀而形成的山峰集合体。峰丛的山峰通常表现为锥状、塔状、圆柱状等尖锐峰体，表面发育有石芽、溶沟，山峰之间又常常有溶洞、竖井。

②峰林是由峰丛进一步演化而成的。当然，在新构造作用下，峰林也会随着地壳的上升而转化为峰丛。③孤峰是岩溶区孤立的石灰岩山峰，它的形成条件是地壳长期稳定而无太大的地质运动。④天生桥是可溶性岩下部受流水溶蚀而形成的拱桥状地貌。

（9）地表钙华堆积。这是一类典型的地表喀斯特地貌，主要有瀑布华、钙华堤坝和岩溶泉华。

①瀑布华。地表瀑布水流速度陡然增大，内力作用减小，水中的二氧化碳外逸，从而形成瀑布华。我国贵州著名的黄果树瀑布就属于这一种。

②钙华堤坝。溶解了大量 $CaCO_3$ 的高山冰雪溶水和含大量 $CaCO_3$ 地下渗透的岩溶水在地下径流一段距离后，以泉的形式排出地表。随着水温增高和水流速度增大，并在大量藻类植物的作用下，就形成了大量钙华沉积。钙华中所含有的许多杂质和多种不同元素使钙华呈现出了多种色彩。这种地貌在我国四川黄龙寺一代分布较广，黄龙寺旅游业的发展可以说与这种独特的喀斯特地貌景观是紧密相连的。

③岩溶泉华。溶有大量 $CaCO_3$ 的泉水涌出地表，由于温度升高和压力减小，使得 $CaCO_3$ 在泉口形成钙华沉积，这就是岩溶泉华。长时间的积累使泉华形成了各种不同形状，这也是大自然赐予人类的一幅美景。这种喀斯特地貌在我国云南较为常见。

地下喀斯特形态>>>

溶洞，又称洞穴，它是地下水沿着可溶性岩石的层面、节理或断层进行溶蚀和侵蚀而形成的地下孔道。地下喀斯特形态指的就是溶洞中的喀斯特形态，主要有石钟乳、石笋、石柱、石幔、石灰华和泉华几种。

喀斯特发育条件>>>

促使喀斯特发育的条件有三：①地表附近有节理发育的致密石灰岩；②中等到较大的降雨量；③地下水循环通畅。石灰岩（即碳酸钙）在略有酸性的水中容易发生溶解，而这种水在自然界中是广泛存在的。雨水沿水平的和垂直的裂缝渗透到石灰岩中，将石灰岩溶解并带走。由于地表物质也被流水带走，

还没有被溶解的石灰岩就形成了石灰岩喀斯特面。沿节理发育的垂直裂缝逐渐加宽、加深，形成石骨嶙峋的地形。当雨水沿地下裂缝流动时，又使裂缝不断加宽加深，最终形成洞穴系统或地下河道。狭窄的垂直纵向竖井与这些河道联通，使地表水得已顺畅地经由地下河流走。

世界上的大洞穴，大多数都是喀斯特区。岩沟、天生桥、石灰岩孤峰、石林等，也都是喀斯特区特有的地形。如果洞穴足够大且顶部接近地表，洞顶会发生坍塌，这样就会形成名叫落水洞的洼地。落水洞是喀斯特地形的一种最有代表性的特征，还常常合并成更大的凹陷，叫做坡立谷（俗称"天坑"）。坡立谷通常是平底的，并为石灰岩中不溶残余形成的土壤所覆盖。有些地区的石灰岩中含有的不溶解物比较多，留下来的物质还能形成可以耕种的土壤。

在一些降雨量很大的喀斯特地区，所有降水都完全渗透到地下，甚至会使那一地区连生活用水都难以找到。而另一些地方，地表则可能会出现大泉，以河流的形式流过地表面，然后再次消失于地底下。所以，喀斯特地区地表多表现为异常缺水或多洪灾，对农业生产影响很大。

不过，喀斯特地区的地下水蕴藏很丰富，如在热带喀斯特区域的径流系数为 50%～80%。亚热带

喀斯特区域为30％～40％，温带为10％～20％。在我国华北一些石灰岩分布地区，地下水在山前以泉的方式流出，如北京玉泉山的泉水、河南辉县的百泉、山西太原的晋祠泉、泉的娘子关泉和济南的趵突泉等。因此，合理开发利用喀斯特泉，对工农业的发展具有重要意义。如在南方多地下河，采取引喀斯特泉堵地下河，钻井提水等方法可解决工农业用水；地下河纵剖面呈阶梯状，有丰富的水能资源，可以筑坝发电，如云南丘北六郎洞水电站是中国第一座利用地下河的水电站，湘、黔也利用这种优越条件建造了多座400千瓦以上的地下水电站。喀斯特地区也有丰富的矿床，例如石灰岩、白云岩、大理石、石膏和岩盐等。在喀斯特剥蚀面上和洼地中沉积有铝土矿，古溶洞和裂罅中沉积有铅、锌、硫化物、汞等砂矿体。此外，地下溶洞也是富集石油和天然气的良好场所，如华北

地区的一些油田就位于喀斯特区域。还有些溶洞还可用作地下厂址和地下仓库，不过由于喀斯特地区的地下洞穴常造成水库渗漏，会对坝体、交通线和厂矿建筑等构成不稳定的因素。所以，研究和探测地下洞穴的分布，及时采取措施，是保障喀斯特地区建设成功的关键。

溶洞的形成

碳酸钙（$CaCO_3$）有这样一种性质：当它遇到溶有二氧化碳（CO_2）的水时就会变成可溶性的碳酸氢钙（$Ca(HCO_3)_2$）【反应过程为：$CaCO_3+CO_2+H_2O=Ca(HCO_3)_2$】。溶有碳酸氢钙的水如果受热或遇压强突然变小时，溶在水中的碳酸氢钙就会分解，重新变成碳酸钙沉积下来，同时放出二氧化碳【反应过程为：$Ca(HCO_3)_2=CaCO_3\downarrow+CO_2\uparrow+H_2O$】。上述反应在自然界中不断发生，于是便形成了溶洞中的各种景观，如桂林的七星岩、芦笛岩、肇庆的七星岩等。

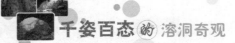

石灰岩层各部分的石灰质含量不同，被侵蚀的程度也不同，逐渐被溶解分割成互不相依、千姿百态、陡峭秀丽的山峰和奇异景观的溶洞。如闻名于世的桂林溶洞、北京石花洞，就是水和二氧化碳的缓慢侵蚀而创造出来的杰作。如果溶有碳酸氢钙的水从溶洞顶上滴落，随着水分和二氧化碳的挥发，析出的碳酸钙就会积聚成钟乳石、石幔、石花、石笋等。洞顶的钟乳石与地面的石笋连接起来，就会形成奇特的石柱。

天然河水或井水中，常常含有碳酸氢钙、碳酸氢镁、硫酸钙、硫酸镁等杂质，如果含量较大，则这种水叫做硬水。硬水不宜作工业用水，因为它在锅炉中受热分解会形成锅垢，造成导热不良，浪费燃料，甚至酿成事故。硬水也不宜饮用，如长期饮用，会患消化系统和泌尿系统疾病。用硬水洗涤衣物，洗涤效果也很差。

岩溶的发育演化要经历六个阶段：

(1) 地表水沿灰岩内的节理面或裂隙面等发生溶蚀，形成溶沟（或溶槽），

原先成层分布的石灰岩被溶沟分开成石柱或石笋。

（2）地表水沿灰岩裂缝向下渗流和溶蚀，超过 100 米深后形成落水洞。

（3）从落水洞下落的地下水到含水层后发生横向流动，形成溶洞。

（4）伴随地下洞穴的形成，地表发生塌陷，塌陷的深度大面积小，称坍陷漏斗，深度小面积大则称陷塘。

（5）地下水的溶蚀与塌陷长期共同作用，形成坡立谷和天生桥。

（6）地面上升，原溶洞和地下河等被抬出地表形成干谷和石林，地下水的溶蚀作用在旧日的溶洞和地下河之下继续进行。

云南路南的石林是上述第一阶段（溶沟阶段）的产物，这里的自然风光因阿诗玛姑娘的动人传说而变得格外旖旎。而桂林的象鼻山，则是由原地下河道出露地表形成的。在广西境内，经常可看到这种抬升到地表以上的溶洞，俗称"神女镜"或"仙女镜"。

世界上最大的溶洞是北美阿巴拉契

亚山脉的犸猛洞，位于肯塔基州境内，洞深 64 千米，所有的岔洞连起来的总长度达 250 千米。洞里宽的地方像广场，窄的地方像长廊，最高的地方有 30 米高，整个洞平面上迂回曲折，垂向上可分出三层。到雨季的时候，整个洞内都有流水，形成地下河流，在坡折处河水跌落则形成瀑布；到旱季的时候，局部地区有水，形成地下湖泊，可能还有积水很深的潭，有人也称之为无底潭。

中国现知最长的溶洞是湖北利川县腾龙洞，长约 40 千米；最深的为贵州水城吴家大洞，深约 430 米。中国是个多溶洞的国家，尤以广西境内的溶洞最为著名，如桂林的七星岩、芦笛岩等。北京西南郊周口店附近也有一个上方山云水洞，深约 612 米，七个"大厅"被一条窄长的"走廊"相连，洞的尽头是一个硕大的石笋，美名其曰"十八罗汉"。石笋背后还有深不可及的落水洞，也有一定规模。

第二章 中国溶洞

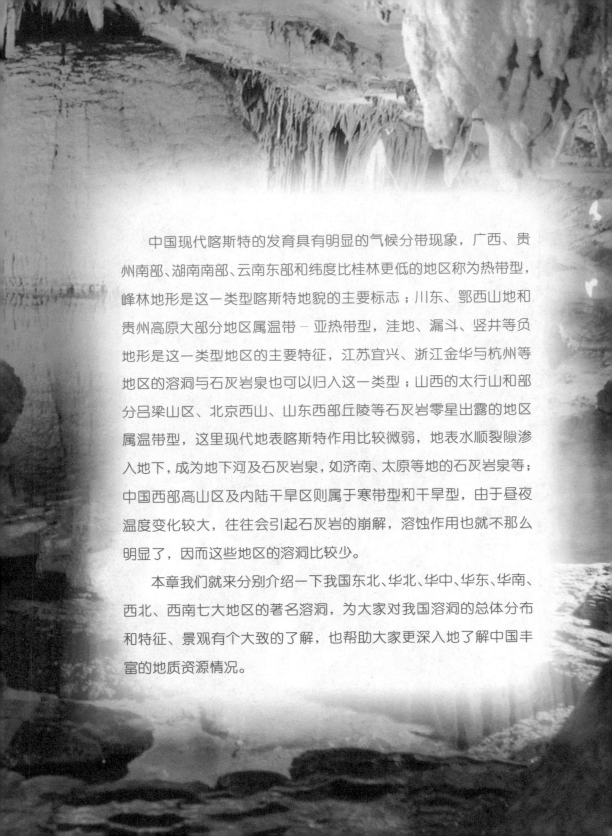

　　中国现代喀斯特的发育具有明显的气候分带现象，广西、贵州南部、湖南南部、云南东部和纬度比桂林更低的地区称为热带型，峰林地形是这一类型喀斯特地貌的主要标志；川东、鄂西山地和贵州高原大部分地区属温带－亚热带型，洼地、漏斗、竖井等负地形是这一类型地区的主要特征，江苏宜兴、浙江金华与杭州等地区的溶洞与石灰岩泉也可以归入这一类型；山西的太行山和部分吕梁山区、北京西山、山东西部丘陵等石灰岩零星出露的地区属温带型，这里现代地表喀斯特作用比较微弱，地表水顺裂隙渗入地下，成为地下河及石灰岩泉，如济南、太原等地的石灰岩泉等；中国西部高山区及内陆干旱区则属于寒带型和干旱型，由于昼夜温度变化较大，往往会引起石灰岩的崩解，溶蚀作用也就不那么明显了，因而这些地区的溶洞比较少。

　　本章我们就来分别介绍一下我国东北、华北、华中、华东、华南、西北、西南七大地区的著名溶洞，为大家对我国溶洞的总体分布和特征、景观有个大致的了解，也帮助大家更深入地了解中国丰富的地质资源情况。

东北溶洞

望天洞>>>

望天洞位于辽宁省桓仁满族自治县境内，已探明的长度有 5000 余米，洞内景观迷人，奇、特、险俱全，有石林、城墙、雪莲、冰川、喷泉、瀑布、暗河等景观。中科院专家称，洞内 6000 余平方米的大厅和上、中、下三层的万米迷宫为世界之最。

望天洞位于雅河乡弯弯川村东 70 余米高的山顶上。该洞发育于约 20 万年前，洞总长 7000 余米。洞内有十几个大厅，厅高一般可达 20～30 余米，最大的厅面积为 6000 余平方米，可容纳万人。洞中道路曲折，忽上忽下。

最狭窄之处，只能容一人通过，胖者不显挤，瘦者不显宽。洞内有最奇特的迷宫，道路多条环环相套皆类似，条条道路都能走出迷宫，而外边的景象却各有不同。迷宫又分

上、中、下三层,洞中有洞,洞洞相通;门中有门,门门可行,总长度1100多米,为世所罕见。入其内,行来

蟠 桃
Flate peach

走去,难分难辨,妙趣横生。游人不许随意穿洞,如无人指引,将不知去向,只闻喊声而不见人。此迷

宫到底有多少个洞口谁也不知道,因为至今还没有人走完过这个迷宫。

该洞有两个并列的洞口,中间有一道两抱多粗的石梁。右侧洞口面积有50平方米,洞口石壁上一只展翅昂首的大鸟,面向东方,形象逼真,名曰"鲲鹏朝阳"。左侧洞口面积有35平方米。两个洞口酷似一副巨大的眼镜。沿左侧洞口石壁扶铁栏踏石阶经"通天桥"下行30余米,便是该洞的第一大厅——"聚仙厅",此厅宽阔高大,可纳千人。回首仰望,两道光柱直射厅中,使人有怀抱红日、目接青天之感。若逢春冬季节或雨、雪之后,厅内云雾缭绕,从洞口向上升腾,云雾与洞口绿树交相辉映,妙不可言。洞内各式宝塔林立,神、佛、仙人到处可见,神态各异,动物、植物形象逼真,有华清池、瑶池、莲花池、石林、城墙、冰花雪莲、冰川雪海、喷泉、瀑布、暗河,仿佛仙境一般。

洞内钟乳丛生，晶莹剔透，现出百种风情。"华清池"底平而洁白，水绿而温柔，一柱钟乳静静立于旁边，好似在为洗浴的少女警卫；"垂帘听政"则充盈着皇家气派，密密的钟乳如同一层层金帘，一尊"老佛爷"端坐其间沉思瞑想；"景泰蓝"灵珑小巧，上为黄下为蓝，天生地长使钟乳颜色截然不同，而蓝色钟乳又形似花瓶；当人们看到"珍珠壁"时，又为它的大势壮观所震服。所见之处，钟乳千姿百态，如峰如颠、如塔如佛、如花如瀑、如林如笋而各具神奇。

本溪水洞>>>

本溪水洞是形成于数百万年前形成的一个大型充水溶洞，位于距辽宁省本溪市35千米的东部山区太子河畔，东经124度5分，北纬40度18分。本溪水洞与辽宁省会沈阳市，辽宁中部城市抚顺、辽阳、鞍山等地相距很近，且有铁路公路相连，交通十分方便，是我国北方重

要的国家级风景旅游区之一。

本溪地处辽宁省的东南部，境内山脉连绵，河流纵横，山清水秀，旅游资源极为丰富，有山、水、泉、林、湖、洞、城和古人类遗址等景观，世界奇观本溪水洞、枫叶红于二月花的本溪秋色更使游人叹为观止。每年一度的枫叶节上安排的精品线路考察、民族风情表演、旅游商品展销等活动，也有助于八方宾客和游人更深刻地了解神奇的本溪，是展示本溪旅游形象、提高本溪知名度的绝佳机会。

本溪水洞位于侠柯山中。侠柯山属辽东山地，为千山山脉的东北边缘，山势中低，相对高度仅200～300米，山脉连绵起伏，层峦叠嶂。太子河从距洞口200米处流过，玉带逶迤，澄清似练，下游注入辽河入海。水洞洞口坐南朝北，高于太子河面13米，洞身向山里延伸，长度3000余米，面积3600多平方

米，容积40万余立方米。洞内钟乳石、石笋、石柱、石华、石幔均发育良好，形状奇异，蔚为大观。清代同治年间诗人魏瓒均曾游此洞，并留诗一首："拔云探洞口，云散洞天深。石穴千年乳，冷冷滴到今。冥蒙藏太古，寒气积阴深。闻有烧丹士，长年此陆沉。"

远在五亿七千万年前，本溪水洞地区曾是一片汪洋大海。这个时期气候温暖，大量的笋石类、腕足类、腹足类和梯虫类动物繁殖衍生，各种族群体都在顺应自然规律进行

自身的更新换代，它们的躯壳经过水动力的淘洗和磨浊下沉，沉积了不同类型的生物碳酸盐和化碳酸盐。本溪水洞的石灰岩就是在这个时期的奥陶系下统亮山组和中统马家沟组经岩化作用发育而成的。后来由于地壳运动，海水退去，这里便缓慢抬升为陆地。石灰岩在地质运动中受到外力作用，不断对石灰岩进行溶蚀，日积月累，经过亿万年时间，便逐渐发育成今天的水洞。这种溶蚀作用，至今仍在继续进行，可以想见，再经过几百万年之后，本溪

水洞的奇特景观也许将变得更加绚丽雄伟。

古人类很早以前就已发现此洞，并在这里居住栖息。建国以来，政府多次组织发掘。迄今为止，考古工作者已在洞口发现了距今约一万年前的新石器时代的文物、磨制的石器、动物的骨骼等，还发现了约4000年前青铜时代的陶器，公元前200年至公元后400年的绳形陶、五铢钱等。现在部分文物已被陈列于洞中迎客厅左侧的"文化遗存展览室"中，时刻向前来游览水洞的人们述说着这个地区人类文明的发展历史。

本溪水洞洞口坐南朝北，呈半月形，上端刻有薄一波手书的"本溪水洞"四个大字。进入洞口，便可看到一座高、宽各20多米，气势磅礴，可容纳千人的"迎客厅"。大厅向右，有旱洞，洞穴高低错落，洞中有洞，曲折迷离；还有古井、龙潭、百步池等诸多景观，令人遐想联翩，流连忘返。大厅正面，是通往水洞的码头，千余平方米的水面，宛如一处幽静别致的"港湾"，灯光所及之处，水中游船、洞中石景倒映其中，如入仙境。从护岸石阶拾级而下，通过长廊从码头上船，即可畅游水洞。

20世纪60年代初期，本溪市政府开始着手开发水洞。1983年5月1日，本溪水洞正式对外开放，每年来此游览观光的中外游客近百万，被誉为"北国一宝""天下奇观""亚洲一流""世界罕见"。

官马溶洞>>>

官马溶洞位于吉林市磐石市境内，具有鲜明的中国北方型溶洞特征。洞体分为上、中、下三层，目前已经开发的是溶洞的中、上层，其它部分正在陆续开发过程中。官马溶洞开发面积约3800多平方米，总长度490米，由5个大厅、一个水

厅组成，每厅之间由走廊相连，最大的厅约600平方米，高达30多米。厅与厅之间以长廊连接，洞内有一条宽2米、深3米的暗河延伸至溶洞深处。各厅景观千姿百态，惟妙惟肖，人、兽、神佛、寿翁、宝塔、云梯、奔马、吼牛、卧狮、刺猬、花鸟、图案、蛇曲龙盘等各种形象跃然洞壁。洞内共有4种类型和20多种形态的钟乳石，巨大的石花壁和露滴石国内罕见，堪称东北之最。地河水清澈见底，据传在"圣水仙河"里洗洗手、洗

洗脸,会给游人带来好运气。还有"天府石林""仙人观瀑""玉树琼花""仙山佛塔""骆驼峰"等诸多景观,令人遐想万千。洞内空气畅通,常年恒温,四季凉爽宜人。

官马溶洞是在大约一亿年前地壳运动时,火山喷发形成的地表熔岩洞。溶洞分布在古生代石碳系地层中,岩石多为石灰石和大理石,因受火山喷发的大量酸性物质长期侵蚀和地球内部造山运动的影响,从而形成了一个雄奇瑰丽、迂回曲折的地下溶洞。洞外酷热难耐,洞里凉爽宜人。洞内深邃悠长,色彩绚丽,景物奇特,一景胜一景,令人叹为观止。

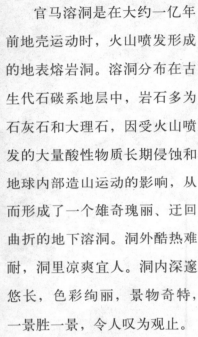

洞口碑石孑立,镌以"官马溶洞"四字。洞内曲径盘桓,廊厅列布,错落有致,"仙人壁""石花廊""水晶宫""洞天松茸",缀以三十八景,景景各异,真可称得上鬼斧神工、扑朔迷离。

沿着"仙狐指路",进入

第一厅——"仙人堂"。洞顶变化无穷，高低不平，突兀俏丽。其中有一根独立的石柱，像一只似坐非坐的狐狸，惟妙惟肖。一尊高两米许，腰围三米多的坐罗汉，似睡非睡，耳鼻俱全，头、腹、手裸露分明，栩栩如生。

拾级步入第二厅，仰望平滑洞顶，由三块巨石构成，类似于人工建造的屋顶。平视右侧，有一只经过两亿多年溶积而成的"雄狮"，它前爪搭在石壁上，后蹄踏在石壁下，扶壁昂首，威武雄壮。后面的景观是"山中晨曦"，重重叠叠的钟乳石，突兀林立，那深处蓝色的光辉好像东方欲晓的曙光。转身，看到的是"万古石龟"静卧那里，据史料记载，杨靖宇将军曾在龟背上挥笔疾书，还在此召开过秘密的军事会议。开发此洞时，据说还发现了一支用弹壳做的毛笔。接着，来到令人眩目的石花廊，石花之多，形态之美，可谓溶洞景观之精粹。石花壁面积达30多平方米，结构清晰，群体紧凑，形似葡萄，又如菜花，造型离奇新颖。由石花组成的另一组景观"玉树琼花"恰似一组美丽的珊瑚树，斑斑点点，像颗颗珍珠，璀璨耀眼；又似粒粒玛瑙，色彩斑斓。还有气魄宏伟壮丽的石花崖，更是人间罕见。

右转弯，进入第三厅。在这一厅，厅内有厅，洞中有洞。色彩透明的乳花像宝石一样布满洞顶；丛丛石笋形成的"天府石林"，有的拔地而起，有的倒挂下垂，

如棒如锤，如剑如锥；笔直的通天洞内飞流直下，千古涛声铸成宏伟的景色（千尺崖瀑布）。还有"仙翁渡海""观音阁""滴露佛""蘑菇石""地下洞"等，组组景观都极有特色。景奇任遐想，状异动魂魄。走向下面的石谷，通过"洞谷门"，左侧是熔岩形成的"石竹"，有如一片幽静的茅竹林；右侧是"石瀑洞"，景观险峻。

援石壁渐进，愈进愈觉清爽袭人。来到第四厅，如入梦境，"洞谷""小天池""石溪""仙人观瀑"等多种奇异类妙景观映入眼帘。"钟乳瀑"如巨大的帷幕徐徐下落，为我们生动地展示了一幅雕塑画卷——"飞流直下三千尺，疑似银河落九天"。左顾"擎天柱"，正与它的孪生兄弟"巨首猿人"连袂而立，伫立称雄，令人感叹。右盼"仙人观瀑"，一位"仙人"静静地坐在起伏的峰巅之上。举目眺望对面的飞瀑，聆听浩瀚的涛声，令人有如入净化超脱之境的感觉。

顺着四十九级云梯廊道而下，

踏上高悬的云梯，向前眺望，是一个巨大的峡谷；向下看，有如万丈深渊；向上看，陡峭一线。走下云梯，来到第五厅"凌霄宝殿"，面积约四十多平方米。殿高数十丈，可容千余人，雄浑俊俏，紫气氤氲，景色奇特，层层绕壁的横纹像树木的年轮，生动地记录了这里地壳变迁的历史。

通过浮桥，来到地河"水晶宫"，这条清澈的地下河流洞水相连，冥冥一色，静影沉壁，清晰可辨。但它究竟多深多长，流向何方，无人知晓。另一景观"仙人谷"曾是水下洞，经过地壳沉降后露出水面。那被水浸蚀的痕迹，就像是大海的礁石被波涛冲击而成的各种高低不平的石窝，起伏变化，妙趣横生。这样的奇观很容易便会

使人们联想起光怪陆离的海底世界。

遍游官马溶洞，尽得奇情雅趣。溶洞的景观千姿百态，极具神韵风采。她美在不加修饰，不经雕琢。如果说名扬天下的本溪水洞好似一位秀丽的少女，那么，这座神采飘逸的溶洞更像一个

英俊的少年；如果说桂林的七星岩景观好似经过梳妆打扮的少女，那么，这座溶洞的瑰丽则更像是一位天然去雕饰的美女，也更富有大自然的灵气。

琉璃洞>>>

　　集安是中国历史文化名城、世界文化遗产地，曾是高句丽的故都，不仅留存了许多文物古迹，还有很多美丽的自然风光，自古就有"塞外小江南"之称。公元3年，高句丽第二代琉璃明王把国都从桓仁五女山迁到了集安，因此这里也流传着许多关于琉璃明王的传说。

　　琉璃洞位于集安市榆林镇境内，这里有东北三省迄今为止发现的第一大溶洞群。它形成于约3.5亿年前，洞内最高处海拔325.5米。现已开发的游览面积约3000多平方米，游览线路全长约1000余米，共有九大景区，数十个小景点，集石景、水景、地质遗迹为一体，均为自然

形成。洞内钟乳石种类齐全，琳琅满目，绚丽多姿。晶莹透亮的石花、石葡萄令人垂涎欲滴；石禽、石兽、石狮子惟妙惟肖，形态逼真。洞内装有彩灯，各种石钟乳、石旗、石笋、石柱、石瀑布在五颜六色的灯光映衬下，更加美轮美奂，如同仙境，堪称一座"地下迷宫"。

琉璃洞的主要景点有以下几处，关于每处景点还各有一个小故事：

（1）御花园

相传琉璃王经常带雉姬来到这里谈情说爱，联络感情。琉璃王的第一位妻子是多勿都国国王的女儿松让氏。松让氏不但人长得漂亮，而且心地善良，琴棋书画样样精通，与琉璃王很相爱。可惜她红颜薄命，在当上王后的第三年便因病去世了。琉璃王特别伤心，每天都在思念中度过。后来，他外出打猎的时候发现了与松让氏长得十分相像的雉姬，便把她带回了宫里，雉姬非常善解人意，因而深得琉璃王的宠爱，琉璃王也经常来到御花园里陪她聊天谈心。

（2）荷花仙池

这里是琉璃王和雉姬沐浴的地方。这是一个神池，池水一分为二，分为冷水和温水，池水虽同出一处，温差却有十几度。因为是神池，所以常年用温水沐浴可以使肌肤滑嫩白皙，有美容养颜的作用；用冷水沐浴会达到舒筋活血、强身健体的功效。所以，琉璃王经常带着雉姬

到这里沐浴、嬉戏。琉璃王为了向雉姬表明自己对她的真爱，便向头顶的悬空箭起誓，如果背叛雉姬就让他箭落穿心而死。由于琉璃王始终坚守他的誓言，所以时间久了，悬空箭便慢慢石化了。

事。这个宫殿和一般的宫殿不一样，这里的装修非常奢华，全部是金砖铺地。琉璃王一生东征西战，不但四处开辟疆土，还得到了许多奇珍异宝，其中有一颗被视为国宝的夜明珠，传说有了它便能使高句丽年年风调雨顺、国富民强。为了防止别人来盗取夜明珠，琉璃王便把它放在了这个宫殿的一个暗阁里，还专门派了他的贴身武士乙巴素前来看守。

（4）乌龙神驹

乌龙驹全身乌黑锃亮，没有一根杂毛，骑着它可以翻山越岭，涉渡江河海洋。它原本是北夫余国国王的坐骑，后来它随柳花来到了东夫余国后，没有人敢骑它，因为只要一骑上它，它就会前蹦高后抛蹄地咆哮起来，没有人能制服得了它。

（3）水帘宫殿

像瀑布一样的水帘，可能会使人联想到西游记里的水帘洞，但与水帘洞不同的是这个水帘后面不是猴山，而是一个富丽堂皇的宫殿，琉璃王经常在这里和大臣们商议国高句丽开国君主朱蒙听说后，非要试试不可。奇怪的是，当朱蒙骑上马背后，乌龙驹却老老实实地驮着他站在那里，一点也没有之前暴戾的样子。朱蒙一鞭子打下去之后，它就像离弦的箭一样奔跑起来，后来它便伴随着朱蒙四处征战，极其威猛。朱蒙死后便将它传给了类利，也就是琉璃王。

（5）剖卵降世

在集安的好太王碑上记录了这样一段文字："惟昔始祖，邹牟王之创基也，出自北夫余，天帝之子，母河伯女郎，剖卵降世，生而有圣德。"这段文字主要介绍的是琉璃王的父亲朱蒙，他是卵生，刚生下来时是一个大肉蛋子，当肉蛋裂开的那一刹那光芒四射，霞光万丈，注定了这个孩子非等贤之辈。果然，这个孩子开口就会说话，见风就长，是个文武全才。当时的人们把能骑善射的人都称为"朱蒙"，他就是高句丽的始祖——东圣明王。

（6）玉指峰

这里是朱蒙发誓的地方，因为朱蒙文武样样精通，所以兄弟都嫉妒他，总是想谋害他，他被迫逃出东夫余国。他经过此处时立誓，一定要建立一个属于自己的国家，让那些人看看他的本事。朱蒙来到卒

本川后，历经千心万苦终于建立了高句丽国，后来他的儿子类利和妻子也来到高句丽投奔他。他见类利是个人才，孝顺又勇敢，便决定把王位传给他，朱蒙在死前还对类利说，创业容易守业难，一定要让国家兴旺。类利将朱蒙的遗言铭记于心，经常到这里来提醒自己。

（7）双身鸟

这是一只神鸟，一头二身，一红黑。高句丽大武神王三年的冬天，正是高句丽和东夫余国僵战之时，高句丽国王无恤得到此鸟。当时此鸟已由黑色变成红色，无恤认为这是吉兆，增强了他除掉东夫余国国王的信心。于是他亲自率领精兵挥师北上，果然杀掉了东夫余国国王带素，从此以后，东夫余国便一蹶不振，逐渐衰落了。

（8）星夜寝宫

这里是琉璃王和雉姬休息的地方。想象一下，在璀璨的星空下，

洁白柔和的月光透过一层层薄如蝉翼的纱缦，洒落在雉姬的睡榻前，温柔漂亮的雉姬在这里为琉璃王抚琴歌唱，真是浪漫。门外还有一个身着长裙的侍女，梳着高高的发髻，双手拱于胸前，温和谦卑地守侯于此。

（9）无字天书

琉璃王对雉姬宠爱有加，天天陪着雉姬，禾姬对此嫉妒，每次都趁着琉璃王不在的时候去辱骂雉姬。终于有一天，雉姬受不了了，便离开了琉璃王。等琉璃王打猎回来后，发现雉姬离开了，非常着急，便四处寻找，一直走到了这里才发现雉姬。但无论琉璃王怎么劝说，雉姬都不肯随他回去。天亮以后，琉璃王发现雉姬真的走了，他悲痛欲绝，便在这儿刻了一首流传千古的诗，叫《黄鸟歌》，内容是"翩翩黄鸟，雌雄相依，念我之独，谁其与归？"只是因为时间太久，而且经过千万年雨水的冲刷，字已经变得模糊难认了。

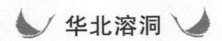

华北溶洞

京东大溶洞>>>

京东大溶洞坐落于北京市平谷区黑豆峪村东侧，西距北京城区90千米，因其为京东地区首次发现的溶洞，故名京东大溶洞，是爬山、攀岩、公路自行车等多种旅游运动项目的理想场所。

京东大溶洞发育于中元古界，高于庄组白云岩地层，距今大约15亿年，是世界上目前发现的最古老的溶洞之一，因此又号称"天下第

休闲洞，洞内四季恒温，冬暖夏凉，可供游客饮酒、品茶、修身养性。走进京东大溶洞，盛夏恍如秋天，秋冬又觉丝丝温暖。畅游其间，神秘清幽，奇观绝景连绵不断，配以五彩灯光，晶莹剔透，绚丽多姿。置身其中的人还能看到巍然耸立、冲天而起的条条玉柱直抵洞顶，颇有如来佛祖动怒乍指苍天的气势，故名"神指擎天"。此外景区还为游客及中小学生提供了各种地质科普知识，能够使游者对溶岩景观的形成构造有更深层次的了解。

石花洞>>>

北京石花洞位于北京市房山区境内，距市中心50千米，距（北）京石（家庄）高速公路房山（阎村）出口15千米，辖区面积84.66平方千米。大约在四亿年前，北京地区还是一片汪洋大海，海底沉积了大量的碳酸盐类物质。后来由于地壳运动，几经沧桑变迁，海底逐渐抬

一古洞"。洞内全长 2500 余米，其中有 100 米水路，分为蓬莱仙境、江南春雨、水帘洞等八大景区，包括了圣火神灯、西风卷帘、鲲鹏傲雪等数十处景观。洞内景观晶莹剔透，绚丽多彩。洞内沉积分类有：石管、石笋、石珍珠、石钟乳、石塔、石幔、石人、石兽、石花。最壮观的要数世界上首次发现、洞壁上具有雕刻特色的"龙绘天书"了。

京东大溶洞里面还有新开放的

升为陆地。大约在七千万年前，华北地区发生了造山运动，北京西山就此形成。而后，碳酸盐逐渐被溶蚀成许多岩溶洞穴，石花洞就是其中之一。

公元 1446 年，明朝正统十一年四月，圆广和尚云游时发现了石花洞，并将其命名为"潜真洞"，并在洞口对面的石崖上镌刻"地藏十王"像。明景泰七年（1456 年），圆广和尚又命石匠雕刻十王教主"地藏王菩萨"佛像，安座第一洞室，则又称为"十佛洞"（石佛洞）。在石花洞开发期间，因洞内石花集锦，千姿百态，玲珑剔透，故北京市政府将其定名为"北京石花洞"。

石花洞洞体为多层多支的层楼式结构，洞内洞体分为上下七层，一至六层为溶洞景观，七层为地下暗河。石花洞层次分布明显，洞穴

沉积物分布密集，类型齐全，数量繁多，有滴水、流水、渗透水、停滞水和飞溅水五种沉积类型，形成了四十多种沉积形态。石花洞现已对外开放了一至四层，游览路线长度为2500多米，游览时间近两个小时。

石花洞内的自然景观玲珑剔透，类型繁多，有滴水、流水和停滞水沉积而成的高大洁白的石笋、石竹、石钟乳、石幔、石瀑布、边槽、石坝、石梯田等，还有渗透水、飞溅水、毛细水沉积形成的众多石花、石枝、卷曲石、晶花、石毛、石菊、石珍珠、石葡萄等。另外还有许多自然形成的造型，如海龟护宝、晶莹的鹅管、珍珠宝塔、采光壁等，众多的五彩石旗和美丽的石盾为中国洞穴沉积物的典型，而大量月奶石莲花在我国洞穴中也属首次发现。

石花洞现已形成20大景区、150多个主要景观，各个景区遥相呼应，互为映衬。"瑶池石莲"已有

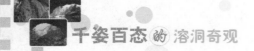

32000余年的历史；"龙宫竖琴"堪称国内洞穴第一幔；"银旗幔卷""洞天三柱"等十二大洞穴奇观则无不令人赞叹叫绝。石花洞的洞口开设了"世界洞穴奇观展"，共展出世界著名洞穴景观照片上百幅，洞外还有"野生动物展""奇石展"等。

方面的巨大价值，而其中的洞穴沉积物则记录了地球的演化历程和沉积环境的变化，是一处研究古地质环境变化的重要信息库。国际地质科学联合会国际行星地球年项目负责人汉克·沙克尔考察后评价道："参观中国第一地质公园石花洞其乐无穷，石花洞是人们进行地学教育的良好范例"。原国家科委主任宋健视察石花洞后也欣然题词："地下地质奇观，溶洞博物馆"。

石花洞岩溶的洞穴资源以其独特的典型性、多样性、自然性、完整性和稀有性享誉国内外。石花洞丰富的地质资源显示了它在地质科学研究、地质科普教学和旅游观赏

仙栖洞>>>

仙栖洞位于北京市房山区张坊镇东关上村，距市区100千米。仙

栖洞是北京屏幕山旅游开发中心的一个重要景点，现已探明深度6000余米，洞内支洞遍布，暗河无源，洞中沉积形态各异且形象逼真，可以和我国的四大溶洞相媲美。在半山腰乘上幽荡的小船，随着渡工的奋力拉纤，徐徐前行500米水路入洞，微风吹拂，自会感受到这奇特景观的奇妙所在。洞内恒温18摄氏度，是夏季观光避暑的好去处，也是冬季旅游的理想选择。

仙栖洞形成于约16亿年前的震旦纪早期，年龄是七千万年左右，洞内钟乳石据有关专家鉴定一般都在30万年到70万年之间。洞内沉积物有五个沉积类型，数十种形态，如石钟乳、石柱、石笋、石幔、石塔、石瀑、石镜、石莲、石鼓、晶花、盖板等，洞中还有"农家庭院""杭州缩影""盘龙玉柱""石瀑飞天""太上楼阁""仙栖大厅""苍天欲倾""神龟随寿""鳄鱼守洞""八仙过海""高僧打坐""巨型佛手""热带雨林""洞中峡谷""玉石莲花"等几十个景观。

特别是"大河上下"景观，酷似我们的母亲河——黄河，其形态之逼真，令人叫绝。

洞内主要景观有高 8.6 米的通天柱，气势磅礴的百纳神针、仙栖飞瀑，巍峨耸立的盘龙玉柱，最壮观的是高 98 米如繁星闪烁的大厅，最具特色的则是堪称华夏一绝的岩溶钙板。

八奇洞>>>

八奇洞位于北京市门头沟区，距著名的潭柘寺仅 500 米。八奇洞

古洞幽深，全长 1350 米，以独一无二的褶皱"8"字以及八大奇观而著称，被誉为"天造地设，神洞奇观"。历史上素有"先有潭柘寺，后有幽州城"的说法。在我国晋朝佛教刚传入燕城时，许多高僧就是在潭柘寺这一带传经布道的，因此洞中有很多神似的佛祖像和众僧修行图。

洞内落差最高达 150 多米，幽深险峻，怪石嶙峋。最为奇特的是，由于地质构造应力场作用，洞中形成了巨大的褶皱，酷似一个躺卧的"8"字，堪称国内之最。国内十几位著名地质专家勘察后认为，此洞岩层结构之复杂、地质构造之怪异国内奇少，他们还建议在此开辟一个地质博物馆。

令人不解的是，洞内岩石自然形成的景观与潭柘寺中的景点颇为相似，如洞内

的褶皱8字、飞龙在天、通道奇险、前龙后虎、神锅、济公、龙潭、奇特壁画等八大奇观多数都可以在洞外的潭柘寺内得到对应。尤其是那口石锅，与潭柘寺中的铜锅大小相近，异常相像。洞底深潭，清澈透底，水路蜿蜒，也暗合了"潭柘寺"之名。在潭水之上的石壁上还有繁体"中国"两字，旁边岩石上的图案线条流畅，仿佛远古壁画。这些景观和图案究竟是天然的巧合，还是先民人工开凿而成，现在都成了不解之谜。

八奇洞有三个大厅，沿途28个景点，与古天文学家"三桓二十八星宿"的宇宙观完全吻合。三个厅依次为"逍遥厅""至乐厅"和"宇宙厅"，三个厅各具特色，逍遥厅恢宏，至乐厅空灵，宇宙厅空阔。

游览八奇洞，沿途地形曲折多变，空间繁简交杂，境界层层深入。全洞景物有序曲，有高潮，有低谷，有尾声，节奏分明，好似交响曲中的不同乐章，给人多种美感。洞中奇景连连：龙潭清澈透底，蓝如海，平如镜，水深不可测，似永不枯竭；石锅虽未经火，却锅底发黑，置身其中还会有身子发热的感觉；济公活佛更是栩栩如生，惟妙惟肖。游人可经洞中暗河泛舟出洞。

龙仙宫溶洞>>>

龙仙宫旅游景区位于北京市房山区张坊镇东关村龙泉寺沟，与仙栖洞只有一岭之隔。该景区距北京市中心100千米，由十渡风景区一渡向北15千米即到。龙仙宫溶洞内

景观极富特色，洞外层峦迭嶂、山峰突兀，春季鸟语花香，夏季群山翠绿，秋季金果红叶，冬季白雪银装。

龙仙宫面积为一万平方米，堪称北国第一大厅。洞口海拔高度510米，山体为燧石条带白云岩及硅藻叠层石白云岩，生长于约10亿年前的浅海滨海相。洞厅形成于约7000万年前，经过几千万年的化学沉积，形成了极富形象特色的奇景，如龙蛋、生命之源、海狗守洞、莲花宝座、仙水浸珠、金芙蓉园、九天银瀑、金色水母、龙宫水晶等。特别是棕榈状石笋、松鼠化石更为珍贵。房山雪松、北国风光，更显龙宫金碧辉煌，使游人仿佛置身于五彩缤纷、气势恢弘、琳琅满目的仙境神殿之中。庞大的洞穴流壁上生长着各种流石、滴石、渐折石及毛细水等化学沉积物，如石幔、钙极、石笋、石花、石葡萄，石木耳、鹅管，还有形态逼真的"龙蛋"（"龙蛋"是天然形成的，为碳酸钙卵形结晶物，

长 63 厘米，宽 43 厘米，高 33 厘米，因其酷似蛋形，有壳有清，且含有色物质，正好巧合了蛋黄之色，所以被命名为"龙蛋"）。龙蛋实质是穴珠，但这么大的穴珠在我国北方还属首次发现。洞内还有 6 个"棕榈状石笋"，这些只有在南方洞穴中才偶见的稀有物，在北方发现实属独一无二。

龙仙宫洞内声、光、景互为一体，五彩缤纷，构成了一幅幅"龙宫奇景""房山雪松""北国风光""金碧辉煌"等美景。洞内景观极富特色，洞外则山峦叠嶂，陡壁峭岩，林木葱绿，春季山花烂漫，夏季硕果累累，秋季红叶满山，冬季白雪皑皑，不失为一个旅游休闲的好去处。

银狐洞>>>

京西 60 千米处的一座的大山下，隐藏着一个神秘的世界——银狐洞。

银狐洞多层多支，主洞、支洞，横洞、竖洞，水洞、旱洞，纵横交错，蜿蜒曲折，是华北地区已经发现的最大的洞穴系统，是一座名副其实的地下迷宫。洞内次生化学沉积物种类繁多，门类齐全，不仅有一般溶洞常见的石钟乳、石笋、石柱、石旗、石盾、石幔等碳酸钙化合沉积物，还有大量的石菊花、石珍珠、石葡萄、鹅管和晶莹剔透的方解石。洞内众多的云盘、石梯田、石垄长城、仙田、晶化、边槽石坝更是全国溶洞之首。洞内最为奇特的是一种由针状、丝状、团状钙化胶结物组合而成的"银狐"，长2米，通身布满毛绒状银刺，顶部形成一条粗大的银狐尾巴，形象极为逼真。它晶莹洁白，美轮美奂，世所罕见，被誉为"世界第一岩溶奇观""中华国宝"。

银狐洞按洞体走向和景观分布特点可分为10大景区、100余个景点。地下长河位于银狐洞地下106米深处，是华北地区唯一被发现的地下暗河。河道多潭多岔，迂回弯转，

忽宽忽窄，乍高乍低，宽处空旷如厅，高处高不见顶，窄时一舟刚过，低时需弯腰90度才不致碰到岩石上。有泉水汩汩，有瀑布轰然。泛舟其中，可听到泉水汩汩，可看到瀑布飞溅，实在称得上是一种独特的人生体验。

银狐洞发育于4亿多年前的奥陶纪石灰岩中，洞穴空间形成在几

米，旱道 4000 米。

洞内主要景观有：银河泛舟、水晶穴盾、凤凰归巢、比萨斜塔、彩旗飘舞、玉柱宝灯、世界钟王、海狮望天、渔翁垂钓、毛篱竹舍、玉石葡萄等。经历大自然亿万年沧桑岁月造就的银狐洞，具有很高的科普考察和旅游观赏价值，是房山世界地质公园的重要组成部分。

云水洞>>>

上方山云水洞位于北京西南 62 千米处，是中国北方最大的溶洞，为京郊著名山水佛教游览胜地。上方山系大房山支脉，峰奇山秀，地势由西北向东南逐渐降低，落差变

百万年之内。洞口海拔高度 207 米，相对高度 10 米，被称为"华北的地下迷宫"。洞中最大厅堂长 50 米，宽 30 米，高 80 米；洞体最宽处 35 米，最窄处不足 1 米，平均宽度 9 米，平均高度 7 米。洞底面积大于 3 万平方米，容积 20 万立方米。开辟游览线路总长 5000 米，其中水道 1000

化明显；平均海拔 400 米，最高峰紫金岭海拔 860 米；山体坡度起伏较大，在 20 ～ 70 度之间；山脉纵横，将上方山地区分割成大大小小数十条沟谷；山势陡峭，峰峦叠嶂，怪石密布，地貌构造壮观，有著名的九洞十二峰和以兜率地为中心的"七十二庵"等名胜古迹，还有隋唐辽金时的石经、石碑、宝塔等文物和数千亩原始森林。

上方山九洞分别是：天王洞、华严洞、延寿洞、金刚洞、阴阳洞、朝阳洞、西方洞、九环洞、云水洞。

有的洞长不过盈尺，有的则长达几百米。在这些洞中又以云水洞为最长，洞溶最大，洞体组成最奇妙，景色最为壮观，是典型的喀斯特地貌。

云水洞在兜率寺西 3 千米处，是我国北方最长的溶洞之一。云水洞口在大悲庵后，上方山南坡。洞口标高 530 米，坐北朝南，洞体向北延伸。洞尽头标高 504 米，是串珠式近水平溶洞。该溶洞的形成原因有二，一是有通透性的可溶性岩石，二是有足够的水流量。进洞须先经过一条长 146 米的廊道。在距洞口 60 米远的东侧溶岩瀑布上

镌刻有大悲佛母像，这是元代遗迹。在廊道东侧壁上，沿水平方向裂隙内有沉积的冲积层，厚 5～20 厘米，含有牛、鹿等牙齿和肢骨碎块及小型啮齿趾骨骼化石。1980 年初，据中科院古脊椎动物研究所贾兰坡教授鉴定，这些古生物化石与周口店的北京猿人的时代大致相当，距今约有 50～70 万年。根据化石的破碎及埋藏状况来看，这些化石很可能与古代人类的活动有关。

云水洞洞口有赵朴初先生亲笔所题写的"云水洞"三个大字。云水洞洞深 600 多米，自然形成了 6 个大厅。第一大厅高 50 多米，宽 30 米，厅内有卧虎岩、黑龙潭、二龙把门、半悬山、起火洞等景致。第二大厅有南佛、盐山、枣儿栗子山、狮子望莲、石人、二龙戏珠、攀天大柱、卧佛等景致。居中一根石笋，

下部围长 49.5 米，直径 8 米，底层以上通高 38 米，比桂林的七星岩中最高的石笋还高出 10 米，人称宝塔山、擎天柱，为全洞石笋之冠。据专家测定，此石笋形成年代约在 35 万年前，即中更新世晚期。第三厅有棉花山、芍药山、白面山、白龙潭等景致。第四厅的象驮宝瓶、鹞子翻身、牛心牛肺等更是鬼斧神工，形态逼真。第五厅中有菊花洞、雪花洞、四进南天门等景致。第六厅称"十八罗汉堂"，一群石罗汉前呼后拥，错落有致，形态各异，俨然一座庄严肃穆的道场，让人觉得不可思议。

云水洞为我国北方最大溶洞之一，洞内遍布钟乳、石笋、石花、石幔等奇景 120 多处，千姿百态，引人入胜。据地质学家考证，在距今 4 ~ 6 亿年前，此处原是一片汪洋大海。当时海底就已沉积了厚达数百米的成岩碳酸盐物质——石灰岩。经地壳运动，海底隆起而变成了高山。石灰岩在流动的酸性地下水的漫长化学作用下，便逐渐形成了大大小小的溶洞和多彩多姿的石钟乳等奇观。

蓟州溶洞 >>>

蓟州溶洞景区坐落在天津市蓟县罗庄子镇洪水庄村北灵气山下，距蓟县县城 12 千米，距北京 100 千米，距天津 127 千

米，距承德 220 千米，距秦皇岛 248 千米，洞内全长 1200 米，在景区中央
千米，距唐山 80 千米；北与北京平 已有联通三级水平溶洞系统，最突
谷金海湖接壤，西与全国著名景区 出的景观有 28 处之多。洞内景观晶
盘山隔山相望，东与黄崖关长城一 莹剔透，绚丽多姿，令人流连忘返。
线相连，津围公路横穿而过，因蓟 洞内的沉积类型有：石钟乳、
县曾名蓟州，故名蓟州溶洞。 壁流石、石笋、石幔、石柱、石盾、

蓟州溶洞发育于中、上元古界 石花。其象形物有：石龙、石猴、
长城系洪水庄组白云岩地层，位于 石海豹、石旗、石观音等。蓟州溶
《天津市蓟县国家地质公园》蓟县剖 洞的特点可用四个字来概括，那就
面之中，距今大约 12 亿年。经国家 是"新、奇、独、特"。新：指蓟州
地质部门勘探测算，可开发空间达 溶洞属白云岩构造裂隙型洞穴，这
百万平方米，面积之大，居华北地 样有旅游价值的白云岩溶洞在我国
区之首。 北方乃至全国，都是比较罕见的；奇：

蓟州溶洞一期开发约 3 万平方 指由飞溅雾喷水而形成的千姿百态、

绚丽多彩的石花景观,用权威性很强的地质专家的话说,这是中国北方乃至全国溶洞最多最漂亮的石花,是一大奇观;独:指巨大的石柱林景区给人一种扑朔迷离,如入八卦迷宫的感觉,遍览我国的岩溶洞穴,唯蓟州溶洞独有;特:指恢宏壮观的壁流石,

有如银河直泻似黄河水倒流的石瀑布,有好似潺潺细流而下的石帘,还有堪称一绝的鱼鳞瀑,这些都算得上是蓟州溶洞的镇洞之宝。

除此之外,蓟州溶洞中令人称奇和感到震撼的景观还有四处:

其一,腾龙渡海。此处有两条

石龙，一条大龙长约40余米，飞腾在洞顶之上；一条金色小龙，沿壁冲天而起，藏首露尾，栩栩如生。

其二，石花长廊。这里的洞壁上长满了形态各异的石花，灯光照耀之下，犹如繁星布满夜空，璀璨无比；又如万花织成的挂毯般晶莹闪亮，熠熠生辉，使人有如入藏宝的龙宫之感。

其三，石佛观瀑，在溶洞三层的最顶部有一座酷似观音的石佛正盘膝打坐，头上莲花宝灯倒悬，洞口石猴护法。两侧石壁犹如黄河壶口大瀑布，其气势恰似"飞流直下三千尺，疑是银河落九天"。

其四：巨大的石柱林景区。在溶洞东南端有七个直径分别为25米、18米、13米、12米和8米不等的巨大石柱，这些石柱所暴露出来的高度为6～15米不等。其中有一取名擎天一柱的大石柱，围绕一圈有将近百米。

除以上景观外，洞内还有其他景观，如龙宫、凌霄仙境、蓬莱求医、月宫桂树、菩陀仙境、北溟神宫也都称得上蔚然壮观。据业内专家评论说：此溶洞无论从规模上还是景观上都达到了中大型（500米为中型，

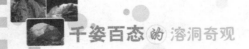

1000 米以上为大型）溶洞的标准。

盂县溶洞>>>

　　盂县溶洞资源丰富，规模较大的当属万花洞、玉华洞、如来洞。三洞均系石岩溶洞，洞内钟乳累累，随处可见。各洞内景象奇特，非洞外所有，尤其是洞底景致迷人，美不胜收，仿佛一座座艺术宫殿。钟乳石千百万年来在创造自己艺术时所表现的"天工"、所拥有的自然美

和原始美，是任何人间艺术都不能代替和比拟的。三个溶洞的景致既有共性，又各具特色，乃天设地造的形胜之地。正如宋朝诗人柯均斋所云："仙境尘寰咫尺分，壶中别是一乾坤。仿佛梦疑蓬岛路，分明人在武陵村。"

　　1. 万花洞

　　万花洞乃北方罕见的大溶洞，系石岩溶洞。该洞位于上社镇南部的白马山南麓，距县城 35 千米。万

花洞周围群山环绕，灌木丛生，环境极优美。洞前方矗立着一尊岩石形成的"石人"，好象在日夜警惕地守卫着山洞。洞口朝西南方向，正面右壁上刻有民国年间盂县知事王育昌书写的篆体"万花洞"三个字。洞口高0.9米，宽0.8米，侧身而入，洞渐宽大。洞内支岔较多，洞底高低不平，内分三洞五厅，即东洞、隔扇洞、蛙鸣洞，前厅、中厅、后厅、隔扇厅、蛙鸣厅。洞内地质系古生代寒武纪石灰岩构造。随着

步履移动，经历成千上万年形成的钟乳石造型依次映入眼帘，千姿百态，气象万千。有的依傍洞壁，有的倒悬洞顶，有的立于地面，名字有"瀑布""莲花""雄狮怒吼""金鸡独立""顽猴倒吊""仙女下凡""马踏飞燕"等等。景观最美之处在于洞底，"入之愈深，其进愈难，而其见愈奇"。洞底石笋林立，奇石争秀；珠帘玉柱，琳琅满目，四壁回音经久不绝。隔扇洞洞底十几米长的一段钟乳石象一湍湍瀑布泻下，与地

面相接，形成一道天然屏障，其景瑰伟奇丽，鬼斧神工，令人心旷神怡。洞内空气充足、湿润，游人进去会感觉呼吸舒畅身心舒爽。这里生存最多的动物是蝙蝠，每逢冬季，一只只蝙蝠调皮地倒挂在钟乳石流顶端，进入冬眠，给美丽的万花洞增添了无限情趣。目前，万花洞尚待进一步开发。

2．玉华洞

孟县玉华洞位于仙人乡东北部"天桥路"山的西侧，距县城40多千米。洞口极低极长，高不足1米，长却有5米，游人必须匍匐而行才能入洞，入洞后豁然开朗。与万花洞相比，玉华洞更高、更美、更险。万花洞最高处高约9.7米，而玉华洞最高处约14米。而且玉华洞内的钟乳石造型，无论气势、规模还是姿态都比万花洞艺高一筹。

玉华洞内最美妙迷人之处当属洞底的"天宫"和"地狱"。在距洞口120米处，向右绕过一个溶术群，便可登上"天宫"；而向左垂直而下，便

可到"地狱"。"天宫"是一个神奇的世界，乳白色的钟乳石冰清玉洁，洞顶吊着一簇簇耀眼的火炬，宛若天灯。洞两侧钟乳石排列，似仙人天兵天将，仙男玉女，个个气宇轩昂、神采奕奕，令人有仿佛置身仙境之感，顿感心襟荡漾、神清气爽。若能在此设个"养心殿"，相信定能叫"故

宫"里的"养心殿"黯然失色。相反，"地狱"则是另一番景象，洞口四周的钟乳石光滑如流，沿洞边钟乳石往下看，洞内黑咕隆咚，深不可测，扔下一石，好久不闻回音，令人不寒而栗。此洞垂直深度约16米，洞内钟乳石形似妖魔鬼怪，气氛阴森恐怖。

孟县玉华洞总长172米，虽较万花洞略小，但极有特色，是一个令人眼花缭乱的神奇岩洞。

3. 如来洞

如来洞位于北下庄乡东北的如来山山顶西南侧，距县城20千米，是华北地区罕见的天然洞穴。洞口侧下丈余，有石乳三个，水珠流动，欲滴又止，从此北折，深不可测。闻名遐尔的"王恩石义救皇姑"的民间神话故事即产生于此。早在清末、民国初年这个传说就被搬上舞台，香港电影《云中落绣鞋》也是根据这一题材拍摄而成的。

华中溶洞

九天洞>>>

　　张家界九天洞座落于张家界市区以西的桑植县利福塔乡，距桑植县城仅 17 千米，距市区 70 千米，距湖南省长沙市 468 千米，距张家界国家森林公园 102 千米，距武陵源军地坪 162 千米。

　　张家界九天洞因有九个天窗与洞顶地面相通而得名，1987 年被人发现，1988 年正式对游人开放。1988 年，国际溶洞组织专家经过仔细考察论证后认为，九天洞规模庞大，景观独特，还有一批溶洞群没有开发，适合开展探险考察，因而决定接纳九天洞作为国际溶洞组织成员单位，同时确定九天洞为国际溶洞探险基地。

　　张家界九天洞号称"亚洲第一大洞"。洞中分上、中、下三层，下

层距洞口 400 多米，常年温度 22 摄氏度。洞内有 5 级螺旋式观景台、1 个舞厅（可容纳 1 万多人）、2 个玉池、3 口龙井、3 条暗河（又叫阴河）、5 座自生桥、6 座洞中山、7 个小湖、8 处千丘田、9 个天窗、10 座瀑布、36 个主体厅堂、100 余处景点、景观。洞内景观奇特，简直是个地下世界、地下魔宫、地下天堂，堪称华夏一绝，世界奇迹！

游人进洞后，首先来到的是迎客厅。大厅面积约有 2500 平方米，由天池、正厅、内厅组成，大厅平均高 30 多米，正中距洞顶 100 米。接着来到莲花厅，洞顶悬挂着一个淡红色的钟乳石，像一朵含苞待放的大莲花，花蕊中不断滴下晶莹的水珠。在九天宝殿，大厅的东面有一根形似古代编钟的大钟乳石，高约 30 米，围径 5 米；这里还有一根叫"擎天柱"的石柱，高 40 米，围径 32 米，是洞内已发现的最大石柱。游人经过九天龙宫、天界人间和地下森林后，来到百宝湖。百宝湖是岩溶形成的一个地下湖，东西长 65 米，南北宽 24 米，深 4 米，湖水清澈见底，两边的钟乳石千姿百态。

九天银河也是九天洞中一大奇景，它是碳酸盐岩溶石浆形成的一道宽 40 米，高 10 米的银白色石瀑。

雨季，洞口水滴不断，泻珠溅玉；旱季则银光耀目，令人晕眩。走过九天银河后，经过天界古战场、玉宫、秦皇宫、水晶宫等景点，然后到达

纤细的石柱，高约10米，一手可握，人称镇洞玉针，非常神奇。

九天洞有大、奇、美、幽四大特色，堪称四绝。

玄女宫。玄女宫是洞内最大的一块千丘田，面积有5000多平方米。在一根30多米高的玉石帷幔后面，九天玄女头戴凤冠，怀抱婴儿，仪态端庄，慈眉善眼。九天玄女背后是一片银白色石幔，中间有一根非常

第一绝：大

九天洞总面积250多万平方米，折合4万多亩。这样一个大溶洞，比被称为世界第一洞的利川溶洞还要大上3倍。据《环球天然奇观》一书介绍，南斯拉夫的波斯托

伊纳大岩洞与美国的巴哈马大蓝洞，都被称为"世界上

张寿越教授两次到九天洞考察后认为，该洞是亚洲第一大洞。他还为该洞题了一句诗："滴石铸玄女，暗河镂九天"。

最大的洞"，还有古巴的贝拉雅马尔大岩洞与我国贵州、湖北神农架的一些溶洞，也都被称为"世界或中国最大的溶洞"。可是这些溶洞一旦与九天洞相比，立刻会逊色不少。1988年，中国科学地质研究所岩溶与地下水研究室主任

1988年9月下旬，来自美国、英国与比利时的15位洞穴专家来到九天洞作深入研究，连续7天7夜住在洞内全面考察。通过考察，他们一致认为九天洞是世界奇迹，不仅具

74

有很高的旅游价值，同时还有很高的科研价值。

第二绝：奇

奇，常常是怪连在一起的，可以说是有奇必有怪，无怪没有奇。天下奇怪之处无数，但九天洞之奇，天下少有。洞穴中可看到天星山上的"石森林"、石龙井与石盘龙；在洞穴深处有一窝一窝的石蛋，这种石蛋是洞内一宝，它可以提取出金刚石，是比黄金还要珍贵的宝物；在洞穴内甚至还发现了犀牛骨骼化石。洞内有一个面积为900平方米的大舞厅，厅北有音乐柱，敲击有声，悦耳动听；厅南有雕花石柱，厅西又有涓涓流水，厅面呈黄色，厅上有地毯。

在洞内，游人可看到各式各样造型的石钟乳，有的象石柱，有的如石笋；有的如室，有的如厅；有的如殿堂，有的如宫廷；有的如龙如虎，有的如鸦如鹰；有的

如神女，有的如将军；有的如宝塔，有的如长亭；有的如烛，有的如灯；有的如玉，有的如金；有的如老树盘根错节，有的又如古藤缠绕互生；

有的如瀑布一泻千里，有的如流水日夜奔腾。特别是在洞内还能看到高达 20 多米的流泉飞瀑，犹如白色巨龙飞腾而下，非常壮观。

传说，王海然是九天洞的发现人与探洞人，他不畏艰险，勇于探索，是一位奇人。据传，他 8 年间共探洞 360 个；他懂蛇药，只要打开小药瓶对毒蛇一吹，那毒蛇就会低头就擒；他有短剑一把，可在枯木中取火；他还能腰缠绳索，只身下万丈深渊；他从不信鬼神，什么狐狸精，什么妖怪，什么青面獠牙，什么披头散发，在他面前都会退避三舍。为了在利福塔一带发现真正的人间仙境、地下宫殿，他不辞劳苦，终于在 1987 年 6 月 26 日这一天发现了世界奇迹九天洞，他也终于实现了自己的夙愿。

第三绝：美

九天洞美，美在自然，美在古朴，美在地下溶洞的各种自然造型，美在各种色彩，美在世界珍稀。简言之，九天洞的美，主要在于其洞穴美与色彩美都是自然美。当探洞人王海然第一个在九天洞内发现那些五光十色、造型各异、神奇乖巧的溶洞自然物时，他感到非常兴奋和自豪，

76

他完全被这些美丽的自然物迷住了。置身于九天洞内，游客可以仔细欣赏那洞底暗河的流水和红色的河床，流水声清脆优美，河床色彩斑斓，洞内五光十色，令人眼花缭乱。

第四绝：幽

进入九天洞，就如同进入了一个宁静的世界，让人有一种终于挣脱樊篱，回归自然之感。洞内的各种自然造型古朴、自然、错落有致，毫无人工雕凿与粉饰的痕迹。在洞内能听到潺潺的流水声与飞燕的扑翅声，还有蝙蝠、巨鼠的瞿瞿声。除此之外，洞内还有许多南来北往的通幽曲径：有的通向舞厅，有的通向城门；有的下暗河，有的上天窗。

九天洞的环境如此幽静，只要稍加彩灯、音乐、歌舞、书画等装饰，就能立刻把一个地下迷宫打扮成人间仙境、地下天堂。

九天洞景区有近百个景点，已开放的有"九天玄女""寿景宫""玉泉水""笑佛迎宾""观音坐莲""情人幽会""银河飞瀑""群娥起舞""天然华表"等，如果再加上九天洞周围的景点，如风浪溪、苦竹河、贺龙故居等，足够游人玩上三、五天的。除在九天洞观光游览外，科研人员还可以就药材、洞穴等门类进行科学考察。

黄龙洞>>>

黄龙洞又名黄龙泉，1983年初被当地人发现，1984年开始进行旅

游开发。1997年，黄龙洞由北京大通公司托管，并成立黄龙洞投资股份有限公司进行管理。黄龙洞以规模大、内容全、景色美而被誉为溶洞景观中的"全能冠军"。

黄龙洞是张家界武陵源风景名胜中一处著名的溶洞景点，因享有"世界溶洞奇观""世界溶洞全能冠军""中国最美旅游溶洞"等顶级荣誉而闻名世界。现已探明洞底总面积约10万平方米，洞体共分四层，洞中有洞、洞中有山、山中有洞、洞中有河。中外地质专家共同考察后认为：黄龙洞规模之大、内容之全、景色之美，包含了溶洞学的所有内容。

黄龙洞属典型的喀斯特岩溶地貌，是世界自然遗产、世界地质公园、

首批国家5A级旅游区张家界武陵源的组成部分。它位于湖南省张家

界市核心景区武陵源风景名胜区内，距离张家界市城区及张家界荷花机场、张家界火车站、张家界市中心

汽车站 36 千米，距长沙至张家界高速公路 30 千米，有张清公路连接张

兵发现。1984 年 10 月 1 日正式向社会开放。

家界市城区和景区，省道 S306 直达景区，属于典型的喀斯特岩溶地貌。1983 年，黄龙洞被当地 8 个青年民

据专家考证，大约 3.8 亿年前，黄龙洞地区还是一片汪洋大海，海底沉积了大量可溶性强的石灰岩和白云岩地层。在漫长的年代里，洞穴一直在慢慢孕育着，直到 6500 万年前地壳抬升，出现了干溶洞，然后经岩溶和水流作用，便形成了今日的地下奇观。

黄龙洞以立体的洞穴结构，庞大的洞穴空间，宽阔的龙宫厅及数以万计的石笋，高大的洞穴瀑布，水陆兼备的游览线等优势构成了国内外颇有特色的游览洞穴，洞内有 1 库、2 河、3 潭、4 瀑、13 大厅、98 廊，以及几十座山峰，上千个白玉池和近万根石笋。由石灰质溶液凝

结而成的石钟乳、石笋、石柱、石花、石幔、石枝、石管、石珍珠、石珊瑚等遍布其中，无所不奇，无奇不有，仿佛一座神奇的地下"魔宫"。黄龙洞现已开放有龙舞厅、响水河、天仙瀑、天柱街、龙宫等6大游览区，主要景观有定海神针、万年雪松、龙王宝座、火箭升空、花果山、天仙瀑布、海螺吹天、双门迎宾、沧海桑田、黄土高坡等100多个。正如有人所说的那样：黄龙洞是诗的结晶，哲学的凝聚，美学的雕像。

游人经过双门迎宾、龙舞厅等景点后，就可乘船游览响水河（地下河）。梦幻般的情调，神话般的氛围，哗哗的水声，栖龙岛、龙花礁、龙王金盔、藏宝阁等景色，使游人感觉仿佛置身于海底宫殿。在天仙水大厅，有三股瀑布从高高的穹顶飞泻而下，落在三座玉池中，传说这是龙族所喝的天仙水。龙宫是黄龙洞13个大厅中最大的一个，也是景色最美的景点之一，面积为15000平方米，平均高为40米，两千余根石笋拔地而起，千姿百态，异彩纷呈。龙宫后园有金银两座花池，清水常

溢，花簇盛开。

洞内高12米、直径10米的汉白玉天然石椅"龙王宝座"居高临下，众多石柱石笋似人似物，惟妙惟肖，似围着宝座朝拜山呼。几十座珊瑚亭亭玉立，俨然一支庞大的"宫廷乐队"。定海神针是黄龙洞的标志景点，全高19米，围径40厘米，为黄龙洞内最高石笋，两头粗中间细，最细处只有10厘米。按专家测算，黄龙洞的石笋年均生长0.1毫米，这样算来，这支定海神针至少已有20万年的历史了。为了更好地保护这一标志景点，黄龙洞已为定海神针买下了一亿元的巨额保险。

梅山龙宫>>>

梅山龙宫位于湖南省中部，隶属娄底市新化县。相传黄帝登熊山，将灵额葱笼的九龙峰点化成九条青龙，沿九股清泉游入可通五湖四海的九龙

池。九条青龙游入资水，被梅山油溪石竹湾的风光灵气所吸引，高兴得在水中游、云中飞、洞中舞，久久不愿离去，一住就是几千年。由于新化古称梅山，后人便把这个岩洞叫做梅山龙宫。

梅山龙宫位于新化县油溪乡高桥村，它是一个地下溶洞群，共有

九层洞穴，由上万个溶洞组成。洞府现已探明的长度为 2876 米，已开发的面积为 58600 平方米，目前可游览的路线长 1696 米，其中包括长 466 米世界罕见的神秘地下河。洞内景观丰富多彩，绝世景观不胜枚举，既有大量姿态各异的流石景观，又有美不胜收、玲珑剔透的石笋、石钟乳景观，还有千变万化的断面形态和蚀余小形态景观。其中更有四大世界溶洞景观之绝：一是洞府云天绝世景观，其上下高达 80 米的层楼空间结构，规模宏大、布局天成。它上下遥相呼应，各种石钟乳在五颜六色的灯光照耀下层次清晰，令人叹为观止；二是哪吒出绝世景观，由一个从中裂开的巨大的天然钟乳石莲、一叶剥落的花瓣以及带有红色血团的哪吒肉身组成，天然钟乳石莲似乎可分可合，在灯光的映衬下，哪吒形象的逼真度更是全世界绝无仅有，令人叫绝；三是形似雾凇的白色非重力水沉积物绝世景观，这种沉积物不是由地心重力作用形成，而是由毛细管力作用而成，它晶莹剔透、洁白无瑕、一尘不染，全世界独一无二，具有极高的科研价值；四是水中金山绝世景观，景点顶部有数百万根洁白无瑕、美妙绝伦的鹅管和姿态各异、层次分明的钟乳石。而底端是一巧妙天成的瑶池，池面面积368平方米。水平如镜，池的一侧是一座自然形成的拦水坝，拦水坝高约一米，曲线优美，纹理清晰，令人惊叹。更绝的是，鹅管和钟乳石倒映在水中，上下映照、浑然一体，形成了一座五光十色的巨大金山，光芒四射、龙鳞点点。离奇多变的光影，五彩缤纷的颜色，千姿百态的形状，加上水滴池面、洞中回声的天籁之音，形成了举世无双的美景，令人如痴如醉。

梅山龙宫以其独特壮丽的自然景观吸引了无数游客。2003年，第九届全国洞穴研究会的与会专家认定梅山龙宫的自然资源在全国首屈一指。中国地质科学院岩溶研究所原所长、全国洞穴研究会会长朱学稳教授认为梅山龙宫的开发水平是"湖南第一、国内一流、世界先进"。2003年CCTV十大经济人物、全国著名经济学家温铁军博士游览梅山龙宫后也感慨道："游遍天下奇洞，

梅山龙宫堪称一绝"。原湖南省副省长贺同新在视察梅山龙宫后发出了

千姿百态的溶洞奇观

"梅山龙宫，挡不住的诱惑"的感叹，并为梅山龙宫题词"神奇、神韵、神往"。

锡岩仙洞>>>

锡岩仙洞被称为楚南第一景，位于南岳七十二峰之一的凤凰峰附近，即现在湖南省衡东县鱼形乡的金觉峰下。东距鄞县炎帝陵90千米，西距南岳80千米，南距衡阳80千米，距衡山火车站50千米，距衡东县城35千米，距罗荣桓元帅故居3千米。游客无论从哪个方向来，都能非常便利快捷地到达锡岩仙洞。

锡岩仙洞是一个石灰岩山洞，幽深莫测，宛若迷宫，至今洞内仍留有晋代著名诗人谢灵运等大家的诗赋数十首。

洞口很狭窄，刚开始进入时游人必须排成长队，侧身鱼贯而入。不过走上几十步，便会豁然开朗，来到前洞。这个洞由许多大小不一的石洞连接而成，洞内宽敞，石钟乳、石林、石柱、石笋等不计其数，是游人拍照留影的好地方。

往前来到前洞最深处的一个洞，有一块大石，壁立如削。大石左侧离地三尺高处，有一圆形洞口，上刻"二重天"三个大字。洞口非常狭窄，能容一人爬行进去，爬七八

尺远，便可以进入后洞。后洞较为宽广，由许多大小不一的洞连接起来，有仙鹤池、莲花洞、金珠伞、渴龙饮泉等胜景。从最引人注目的金珠伞下去，便是会仙楼。过了会仙楼，便是会仙桥，桥高约 3 米，向前必须从桥下经过。过了桥，向左看有一奇洞，貌若神龛，上书"楚南第一景"五字。洞中有一奇石，大有泰山压顶之状。奇石中空，击声如磬。仙洞何处是尽头尚无考究，因此需原路返回。仙洞四周不远处，

又有风、云、水、雷四洞，风洞终年凉风飕飕，云洞四时云雾腾腾，水洞成天流水淙淙，雷洞时刻雷声隆隆。

锡岩仙洞是一处自然景观与人文景观融为一体的大型溶洞，可进长度 2160 米，面积 10 万平方米以上，内有大小洞厅数十个，素有"楚南第一景"之美誉。洞内钟乳石琳琅满目，传说故事美妙动人，历代名人题诗、题字的墨宝遗迹数十处，最著名的题咏当数《湖南通志》《衡州府志》《衡山县志》中记述的晋康乐候谢灵运的《岩下赞》："衡山采药人，路迷粮亦绝。过息岩下坐，正见相对说。一老四五少，仙隐不可别。其书非世教，其人必贤哲。"

清光绪年间编纂的《衡山县志》中这样描绘锡岩仙洞："高丈余，柄大如升，周围出四尺余；滴乳成衣，结络似珍珠，下小儿眉发并现，笑晏晏依柄立，若恐游人之此伞特为护者，亦异景也。"锡岩仙洞，不仅因其风光独特而饮誉三湘，还因其神话离奇而名扬四海。当年，炎帝在米水流域治水、采药、教耕时，常寝食劳作于此，故洞内留有"帝寝台""洗药池""十八丘田"等遗址；炎帝把危害米水的褐龙带入洞内驯化，故又有"藏龙洞""褐龙饮泉"等胜景。济公和尚在此降妖除魔的传说，更是老幼皆知。仙洞四周不远处，有风、云、水、雷四洞，如"四大金刚"护卫。一些骚人墨客，或依其形声命名景物，或赋诗填词以示永志不忘，致使自然景观与人文景观交相辉映，更富诱人魅力。

万华岩溶洞>>>

万华岩位于湖南郴州西南方 12 千米处，是一个规模宏大正在发育的地下河溶洞，是太平天国军活动旧址之一。此溶洞中仍在发育生长的水下钙膜晶锥，是国内外溶洞化学沉积物罕见的珍品，每百年才长一厘米，专家因此称之为"国宝"。

万华岩溶洞洞内一般宽度在 15～20 米，最宽处 110 米；高度一般在 10～20 米左右，最高处 30 米；地下河贯穿始终，空气清新流畅，四季恒温在 19℃左右。在主洞 430 米处有一个支洞，已探明 9000 多米，地下河总长 8000 多米。洞内石景别致，三大瀑布神秘莫测，令人神往；溶岩景观鬼斧神工，两壁钟乳石，若飞禽走兽，似万树千花，凡尘不染，千姿百态，栩栩如生；溶洞景观岩石无论大小，处处雄风大气，阳刚十足。洞内洞中有洞，处处晶莹剔透，一脉柔情，石狮、石鹤、石树、石花、石钟、石幔、石田，有的像"水底龙宫"，有的似"瑶池果树""鲲鹏展翅""巨蟒捕食"，有的则如"观音坐莲""玉女垂帏"，可谓是奇景

芬芳，别具一格。现已开放的主洞长 2245 米，有 3 个进出口，12 个迷离怪异的大厅，23 个景点。1988 年 3 月美国溶洞考察队鉴定"万华岩可与世界上任何一个最壮丽的溶洞相媲美。"

波月洞>>>

波月洞风景名胜区位于冷水江市北郊 2.5 千米处，东邻涟源湄江风景区，西靠新化大熊山国家级森林公园，南濒双峰曾国藩故居，北近锑文化工艺园。波月洞是一个世界溶岩博物馆，里面溶岩密布，石柱高耸，组成了各种美妙的景观。20 世纪 80 年代内地拍摄的古典大戏《西游记》中的《三打白骨精》便是在这里拍摄而成的，此外还有很多

古装戏中的岩洞片断也都是在这里取景拍摄的。波月洞洞穴之长之高之阔、溶岩之奇之怪之美实属世所罕见，正如一幅对联说的那样："波月风光傲丽侪，尘寰无洞比风流"。

整个洞府宽广宏伟，气势磅礴，洞内钟乳挺拔，石笋丛生，石幔高挂，石柱巍峨，石帘低垂，石花瑰丽，石瀑飞流，一步一步景，景景各异，鬼斧神工，奥妙莫测，在彩灯的照射下更是光彩夺目，美不胜收。波月洞规模之巨大，品种之繁多，色泽之瑰丽，以及形成时代的多期性，沉积物大小的悬殊性，石笋、钟乳发育的密集性，均为我国其他洞穴所罕见，可谓集洞穴岩溶景观之大成，因此中外岩溶专家誉其为"地下岩溶博物馆""地下自然艺术宫殿"。其中，洞内鹅管之密、石槽

整个洞府以迷宫大厅为中心，前部洞厅宽广宏伟，气势磅礴；后部洞厅线条密集，晶莹剔透。从波月洞入口进入，一连串或壮观或精致或奇妙或有趣的景点，如珠成串，一气呵成，令人叹为观止，流连忘返；玉柱擎天、银河飞瀑、海天揽胜、鹅管群、千丘田、清心巨石、飞剑断壁、枯木逢春、神猴送客等天然景点也堪称大自然的经典之作。

之深、石坝之高堪称"三大世界之最"。

波月洞分为三层，已开发地下游览路线1800余米，有27个大厅，81处景点，总面积为4万多平方米。

波月洞中的奇观异景是经过大自然亿万年的雕琢而成的，在波月洞系里还发现了几十万年前的第四纪中更新世的东方剑齿象的牙齿化石及水牛头骨化石，还有鹅耳枥树叶化石等。整个波月洞犹如一座巨大的地下博物馆，它的发现，对研究古水文、古地貌、古土壤、古生物等地理环境诸因素，具有不可估量的科学价值。波月洞著名景点有以下七处：

（1）常胜将军

传说洞中住着一位仙人，原是天上的将军，因迷恋地上的美色而私逃下界，聚着一群小妖，住在洞中。后因贪想唐僧肉而被大圣擒拿，用金锁锁定。玄奘念他是位仙人，点化他镇守山洞，管理本方小妖魔，不再作恶，否则，金锁将越锁越紧，不得行动。未想唐僧走后，这位将军恶性难改，终被金锁锁住，不能动弹。年复一年，因未饮食，形体逐渐缩小，最后饿死在洞中。因不满于上天的惩罚，临终前，他还大骂上天的不公。

（2）翠屏金塔

这一景点是波月洞钟乳石品种的精品，由四根2～4米高的石笋组成。其中三根紧密排列成行，在绿灯的照射下，酷似孔雀开屏的羽翼；单立的金黄色石笋呈圆锥状，层层叠叠，仿佛一座宝塔，故取名"翠屏金塔"。"翠屏金塔"下方是一块高1.2米、面积达8平方米的巨石，从远处看，整个景观酷似一个雕花床，因此被《西游记》剧组相中，作了剧中白骨精的卧榻。

（3）水帘洞

在"翠屏金塔"的后方，是传说中美猴王的住所。前方的石柱上挂着一块宽大的石碑，上面刻有"花果山福地水帘洞洞天"的字样，这是《西游记》剧组拍摄水帘洞场景时留下的道具。右方是"水帘洞"的入口，洞口宽3米，高8米，由

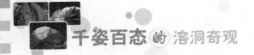
两根高大的石柱以及中间的石幕组成。洞口上方有一挂水帘，但见瀑流飞泻，气势恢宏，传说中"美猴王"就是从这里跃入水帘洞的。

端与地相接。在顶部的左端，是一块巨大的石灰岩，上面布满了纵横交错，深达1.68米的网络状石槽。该石槽的深度居世界之首，为波月

　　(4) 海天揽胜

　　海天揽胜景点位于波月洞中最大的演武厅。厅的顶部呈弧形，两

洞第一"世界之界"。石槽下面，是一池清水，石槽倒映水中，水天一色，从远处看，就好像是海天交接处变

幻莫测的云彩，波诡云谲，气象纷呈。从近处看，滴水形成波纹，石槽的倒影随波荡，一起一伏，又宛如大江翻滚的波浪。在彩灯的映衬下，整个景观更显绚丽多姿。

（5）迷宫

迷宫高大宽阔，四通八达，是整个洞府的中心点。四周"崇山峻岭""古木参天""奇花异草"，奇特非凡，看远近洞穴，或明或暗，扑朔迷离。东边的帷幕下，有一石椅，是"美猴王"的宝座。宝座的左边立着一根高大的石柱，石柱上凹凸不平，宛若一条盘旋的青龙。这个景点是整个波月洞中最具魅力的地方，也是《西游记》电视剧组最感兴趣的地方，游人到此，必上坐留影，方可尽兴。

（6）鹅管群

"鹅管"是钟乳石的一种，似鹅的羽毛杆，中空且细小、透明、薄如纸张。波月洞的"鹅管"长短不一，参差错落，密密匝匝，直挂天穹。在逆光灯照下，如万千玛瑙翡翠垂吊空中，晶莹剔透，闪闪发光，令人不得不惊叹大自然创造力的神奇。波月洞鹅管群面积之大、密度之高，堪称"世界之最"。

（7）千丘田

千丘田为波月洞中另一精品，

位于迷宫中猴王宝座的后方。从宝座后面翘首望去，眼前是一道钟乳石形成的"边石坝"。"边石坝"最高为 0.63 米，最低为 0.05 米，长 7.35 米。由近至远，弯弯曲曲的钟乳石如长城般蜿蜒排列，层层叠叠，纵横交错，俨然一片梯田景象。泉水注满了丘丘梯田，自上而下，汩汩流淌，叮咚有声。

太乙洞>>>

太乙洞风景区位于湖北省咸宁市温泉城区西南 5 千米的石乌山，

距武汉 86 千米，交通十分便利。相传，此洞是太乙真人为治理水患、造福民众掘凿的过水涵洞。据洞穴专家勘测考证，太乙洞是地下水沿着山石的缝隙、历经 350 多万年慢慢溶解、冲扩而成的。

太乙洞主洞为南北走向，前后自然贯通，全长 2200 多米；5 条支洞呈东西走向，长约 1800 米。洞中最高处约 20 米，最宽处 30 多米，少数通道的峡口很窄，仅能容一人侧身而过。洞内钟乳倒悬，石笋群立，有太乙神像、劈山宝剑、苏武牧羊、天赐神鼓、锦锈长城、卧龙池、观音座

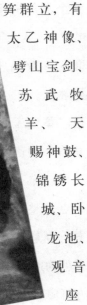

莲、珍珠塔等主要景点48余处。其中，太乙神像、天赐神鼓、神龙卧波、天然石瀑等四处景点为洞中四宝。置身其间，可谓："顾盼左右皆奇趣，俯仰之间尽美景。丹青妙笔难描绘，鬼斧神工费雕琢。"洞中琳琅满目、形态各异、无人工雕琢之痕的自然景点种类繁多，神秘莫测。还有一个可以容纳万人的大厅，且洞中有洞、景中藏景，其自然造化堪称鬼斧神工，被誉为"楚天第一洞"。

中国有句古语，叫做"水滴石穿，不因其力大，而因其常滴"，这正好说明了水能以柔克刚的道理。洞中有长约6米的石剑，直径6米的石钟。洞中岩石有的如坐洲观潮的鹦鹉，有的像佑人平安的土地公婆，也有的如沉睡未醒的神牛，都是经过地下水的长期溶解和洪水的切割、冲刷而形成。不过，从溶洞顶端岩缝中渗透出来的细水流并不是普通的水，而是重钙水。重钙水与普通水

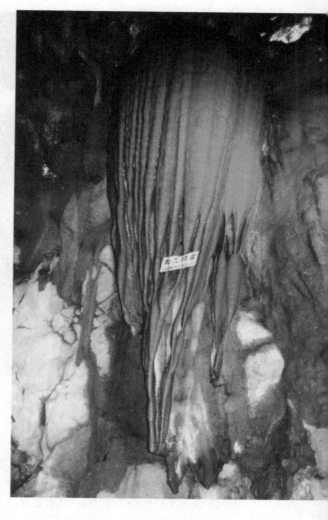

的作用恰好相反。普通水是水滴石穿，而重钙水则是水滴石长。不过，石头要经过百万年以上的沉淀和钙化过程，方能成形。

自洞顶向下垂悬的石头叫"钟

荫、香烟缭绕，灵官殿、太乙殿飞角鎏檐，并建有八卦阵、练功场、梅花桩、步云长廊等一大批景点。

黄仙洞>>>

黄仙洞，俗称黄金洞，位于大洪山脉南麓，湖北省钟祥市境内，距郢中镇66千米，是国家级大洪山风景名胜区的核心景点。《大洪山志》卷五·形胜篇载曰："洞之山为黄仙山，相传黄石公憩此，故名。"洞中有洞，洞洞有山，洞洞有谷，气势雄伟，景象万千，游人进洞就似入了迷宫一般颇有趣味。

史料载："黄仙山在山之南麓。其下有黄仙洞，豁然明旷，有龙潭，深不可测。"黄仙洞面向西北，目前已探明洞长2200米，最宽处达100米，最狭处不足2米，洞口壁高100米，宽70米。洞内蜿蜒曲折，迭宕起伏，丰富的石灰岩石在天然水和

乳"，从地面向上生长的叫"石笋"，都是重钙水在漫长的岁月中孕育而成的。洞中有一悬坐在二层洞穴中的佛像，相传是太乙真人的化身，他长期端坐洞口，是太乙洞当之无愧的洞主。大自然还在洞中塑造了一位女性形象，似观音娘娘端坐在莲花台上，默默保佑着人间。

太乙洞顶建有太乙观，翠竹蔽

地下水的溶蚀作用下，经过极其漫长的地质发展历史，形成了奇特的洞天石林景观和丰富的喀斯特地貌。

洞内钟乳石比比皆是，形态各异，石针、石矛、石笋、石柱、石塔、石幔、石瀑，分别呈现红、黄、白、褐等色，如玉似翠，景致诱人，色彩绚丽，扑朔迷离，气势恢宏，波澜壮阔。最奇特的是"喀斯特地貌"，又称"海子地形"，当地人叫它"千丘畈"，面积达 1800 平方米。在海子地形中，微型景观不计其数。

据有关专家学者鉴定，该处的喀斯特典型地貌——2 万多平方米的"边池"景观是世界溶洞之奇观。黄仙洞内的景点有：济公仰天、云天飞瀑、石将军把关、忠狗牧羊、少女攻读、吉林雾凇、神牛饮水、大鹏展翅、蝶戏熊猫、锦绣河山、仙鹤顶月、古榕迎宾、龙潭飞瀑、黄仙宝塔等。使人观后触景生情，羡天功之造化，叹人力所不及，给人以美感，促人以遐思。

黄仙洞以大、奇、美著称，自春秋战国以来，不少墨客画士常来这里观赏抒怀，探幽访古。清代文人刘树声诗云："古木时栖鸟，幽岩

静落泉，红尘飞不到，安能晤黄仙？"黄仙洞壁陡峭如斧削，光线从洞口射进可达百余米。进洞不远向左拐，

视线所及豁然开朗，有潭名黑龙潭，深不可测。左侧壁下有一脚宽的石坎，过石坎，有一小泉，泉中常年流水不断。洞内空气潮湿，冬暖夏凉。如果在抗战时期，洞内可驻守一个团的兵力，还绰绰

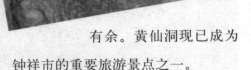

有余。黄仙洞现已成为钟祥市的重要旅游景点之一。

古往今来，黄仙洞景区佛道僧士云集，骚人墨客荟萃，留下了众多摩崖壁画，碑碣石刻，有着极为丰富的人文景观和自然景观，同时也具备了较高的地质科学考察价值，实为世间难得的一处佳境。

金狮洞>>>

金狮洞地处举世闻名的长江西陵峡口，距离湖北省宜昌市夷陵区晓溪塔17千米处。洞深1853米，宽48米，呈丁子形；洞口与洞底高差达59米，分上、中、下三层；已开发的空间约20多万立方米。经中法洞穴考察团专家考证，该洞是距今约100万年的石灰岩溶洞，其石质之嫩润，物象之奇美、景点之密集、布局之精巧，实属国内少见。金狮洞色彩富丽气势恢宏，堪称全省之冠，中央电视台"神州风采"栏目中曾专门对该洞进行过专题报道。

金狮洞是一个发育典型的喀斯

特洞穴，位于五眼桥后 500 米的半山腰上。该洞长仅 300 米，但洞中的钙化堆积物如石笋、石柱、石旗、钟乳等洞穴景观极为发育和集中。洞内有积水，水深及膝，水中石笋成林，似岛屿、珊瑚礁在水中或岸边簇状分布，有的如荷花含苞怒放，有的似雪莲、浮萍洁净雪白，有的如水中灵芝，飘托水中。更为奇特的是大面积的边石坝形成了一个个锅状圆池，池壁薄似钢片，直至底部。洞的中部有一高 2 米的狮形石笋，其上金光闪闪，恰似一昂首怒吼的金狮，洞名由此而得。该洞规模虽不大，但洞景很有特色，水景幽美，众多滴水沉积物、水下沉积物和流水沉积物及其组合与水景、洞景融为一体，景点多而密集，共同构成了一个神奇壮观的洞穴艺术宫殿。

漫步洞中，大自然的匠心巧手把千奇百怪、气派非凡的钟乳石变成了新鲜娇嫩、美不胜收的人物景观与幻觉想象交织的神话世界。洞内有玉柱挺立，金钟倒悬，亭台叠起，翠屏挡风，更有长年不干的神水井、栩栩如生的金公鸡、载歌载舞的仙舞厅、云雾缭绕的五指峰、金枝玉叶的灵芝树、层次分明的镇妖塔、火焰四射的八卦炉，凡此种种皆令人如痴如醉，心动神摇。尤其引人注目的是一头金光闪闪的雄狮，它威风凛凛，形象逼真，有诗曰："一身金狮毛蓬松，两盏银灯眼通明，如钩如戟运利爪，似鼓似雷发哮声。"

洞内长廊曲折萦回，厅堂宽豁高敞，千姿百态的石钟、石乳、石柱、石笋、石幔、石帘、石屏、石台，大小参差，高低错落。在彩灯

照射之下，或巍峨雄奇，或玲珑剔透；或如秀峰孤耸，或如瀑泉泻流；或如神将天仙，或如珍禽异兽；或如金钟玉鼓，或如飞阁崇楼，可谓一步一景，步步皆景，步移景换，景景迷人。

而且，这气势恢弘的满洞景象又高低不等而上下照应，前后有别而左右勾连；开合有序，藏露相宜，布局典雅，浑然一体，特别是洞中的金狮宫别有情趣。在琼崖竞秀，玉山奔涌，云烟飘逸之中，一头威风凛凛的金狮悠然出现在七色宝光之中，维妙维肖之状令人鼓掌叫绝。"金狮洞"由此得名。金狮洞外，还有异态纷呈的"怪石园"，幽静怡人的"樱花寨"，风景秀丽的"腊梅峡"和碧水涟涟的"消夏滩"，使人乐而忘返。

华东溶洞

太极洞>>>

太极洞位于广德县东北 35 千米处,正处苏浙皖三省交界地。太极洞,远在两汉时即已成为旅游胜地。古名颇多,或称太极真境,或称广德埋藏,或称长乐洞。宋明时期,太极洞声名益著,被视为人间奇景。

太极洞为石灰岩溶洞,长 5400 米,由上洞、下洞、水洞、天洞组成。洞中有洞,洞洞相通,构成一个险峻壮观、神奇绚丽的大洞天。太极洞现已开放 19 个大厅,160 多个景点,其中最著名者为"十大景观",即:太上老君、滴水穿石、槐荫古树、仙舟覆挂、双塔凌霄、金龙盘柱、洞中黄山、万象揽胜、太极壁画、壶天极目。它们大都以"物象"命名,睹名即可知其形,区别即在于有的以"单象"命名,有的以"群象"命名而已。如"太上老君"似白发苍苍、合掌诵经的老人;"槐荫古树"似树干挺拔、枝叶繁茂的古树;"仙舟覆挂"似底面朝上、高悬半空的小舟;"双塔凌霄"似上下倒置、基座入云的古塔;"金龙盘柱"似祥云缭绕、长龙缠裹的玉柱;"洞中黄山"似雄伟峻峭、秀丽奇幻的黄山。以上"六奇"即是以"单象"命名的。另外,"万象揽胜"为太极洞最大厅"万象宫"中的奇景,其景物荟萃,气象万千;"太极壁画"为太极洞回廊两侧石壁上的奇景,它像众仙聚会、雄师出征、沙场交兵、困兽争

使人有置身银河之感。水洞中最著名的景观有"擎天玉柱""蝙蝠神蚕""悬关隘口"等，它们或以"单象"命名，或以"群象"命名，皆睹名可知其形。

2004年2月，太极洞风景名胜区经国务院批准列入第五批国家级风景名胜区名单。

太极洞不仅内部景观迷人，外部也是景色优美，古迹众多。景物有绵延起伏的山峦，野趣横生的竹海，鸡鸣狗吠的村舍等；古迹有东汉刘秀避难的"卧龙桥"，三国吕蒙发令的"将军台"，北宋范仲淹涤砚的"涤砚池"，以及南宋岳飞明志的"剑峡石"等。

斗等；"壶天极目"为太极洞"壶天宫"钟乳石的奇景，其吊顶悬空，姿态万千。以上"三奇"皆为以"群象"命名的。除此二种外，"滴水穿石"例外，其名揭示了兔形石上小孔的成因，所以它是以"成因"命名的。

太极洞中还有一水洞，其水面开阔，可容小舟倘佯其间，任意东西。如乘小舟游水洞，只见洞壁上的奇石，在五色光的照耀下，灿若群星，

韭山洞>>>

韭山洞位于距安徽省凤阳县城南30千米处，因山暖多产野韭而得名，距今已有5亿年的地质历史，为喀斯特溶洞。此洞早在1500多年前的《水经注》中已有记载，唐时

就有很多人入洞探奇，并留下多处唐人题刻。南宋时抗金英雄王惟忠率众九万据山抗金，在山上垒石为城，现存有石垒城、石鸡亭、七里大寨等古战场遗址，洞右侧有石阶，可攀援而上。元末朱元璋也曾据山屯兵，并收编了当年华云龙等农民起义军力量南下滁阳，统一了中国。

1991年，凤阳县集中财力物力，将韭山洞开发成为一处旅游景点。全洞长1472米，加之尚待开发的侧洞，总长5000米。洞内石幔、石笋、石钟乳各呈其形，千姿百态，

惟妙惟肖。洞内有六大景区，第一景区为"虎踞龙蟠"，是根据南宋抗金英雄王惟忠抗金及朱元璋初起义时"尝屯御于此"的史实而命名的。景点有：文物陈列室、古步道、一夫当关、演兵场、莲花台、中军帐等，是全国溶洞中并不多见的人文景观。第二景区为"摘星揽月"，有东方维纳斯、韭山灵芝、摘星台等景点。当游人沿百步云梯到达"月空"时，可饱览广寒飞天图，并可一睹嫦娥的优美舞姿。"囊括五岳"为第三景区，它集五岳之奇、险、秀、峻、

雄为一体，现飞禽走兽之形态，古人所谓"石形如器物者甚众"即为概括这一景区之句。此区约300米，给人以高深莫测之感，游人至此常会情不自禁地产生将信将疑的心情，入洞探幽又会遐思远古之域，神往灵异之境。接下来的"清流碧影"为第五景区，区内韭山仙翁、黄龙藏壁、三仙女、二乔出浴等8处景点不仅有瑰玮奇异的景观美，而且附丽着似真似幻的神话传说。第六景区"玉溪泛舟"景区内，水体深，水面阔，碧波荡漾，划着小舟缓缓游荡，顿觉心旷神怡，实为一大享受。

泊山洞>>>

泊山洞位于无为县城西南38千米处的下泊山，地处无为、庐江、居巢交界处，军二公路横亘洞前。

据《徐霞客游记》记载，泊山因在白湖之畔，常有来往船只在此停靠，故称下泊山。泊山洞则因洞中的泊山大佛而得名。据专家考证，该洞形成已有2亿多年，洞内景观形成则有50多万年。洞分上、中、下3层，总面积4000平方米，洞深500多米，有18个景区、86个景点。

泊山洞被誉为"江淮独秀"，因为她有三大特色，第一是"古"。据专家考证，泊山洞里的自然景观，形成已有四五十万年之久。第二是"奇"。洞里的钟乳石大小不一，形态各异，若人形佛象，似飞禽走兽；如萝藤蔓挂，象冰川雪岭，奇景天然，"堪称洞天一绝"，且洞中有洞、有山、有水。第三是"美"。洞中生长着许多晶莹的石枝、洁白的石旗、精美的石花，这在我国同类型的溶洞中皆属佼佼者。洞内气温常年保持在22℃左右，夏凉冬暖，四季如春。洞的下层有无底潭，深不可测，潭水清甜可口。而且经省地质专家验证，潭水中还含有大量对人体有益的矿物质，是健康水。

泊山洞内洞中有洞、有山、有水，洞道高低起伏，幽邃曲折，时而狭窄崎岖，时而宏大开阔，步移景换。洞中钟乳石光怪陆离，如玉佛、如龙蛟、如狮、如虎、如龟、如鱼，形状各异；石花、石枝洁白美丽；石柱、石旗晶莹剔透，堪称绝妙，把这座水晶宫妆扮得格外迷人。传说黄姑是黄巢的侄女，她文武双全，曾带兵来此扎寨，并与军师李俊儒举行婚礼。现在洞壁上的"喜"字、"寿"字还依稀可辨；梳妆台上的攻瑰花、化妆品，据说是女兵们祝贺的礼物；洞房中的一只寿龟，似在

道贺。无独有偶，洞外山上的慈姑庙相传也是为纪念黄巢侄女黄姑而建，寺内常年香烟缭绕，游人不绝。

博山溶洞>>>

博山溶洞又名樵岭前风景区，位于山东淄博市博山城西南8千米的樵岭前村一带，景区内峰峦迭翠，飞流叠瀑，素有"天然公园"之称。该溶洞主要由朝阳洞、王母池和淋漓湖三个自然景区组成。三处景点由一条迂回曲折、峻险奇迷的山谷连接，两旁危岩陡峭高达40多米。谷底有一条公路，游人驱车或步行皆如履平川，公路一边是谷中溪流，山光水色常吸引游人驻足赞叹。

博山溶洞形成于约1200万年以前，洞中钟乳产生于20～30万年之间。该洞呈南北走向，深达1500多米，洞内结构奇特，洞中有洞，宽窄高低不一。洞宽一般为10米左右，最宽处达20余米，窄处一人难以侧身通过。洞高一般3米左右，

最高处达 40 余米，低处则需匍匐通行。洞内钟乳、石笋似雕似塑，奇幻迷离，气象万千。其中"十八罗汉朝南海""仙人亭"等奇妙景观，令人叹为观止。全洞处处流水潺潺，空气清爽宜人，给人以幽雅神秘之感。

第一个景区是朝阳洞，位于博山樵岭前村东面的半山之中，是一个华北地区罕见的大型"喀斯特"洞穴，因洞口坐西向东，故名"朝阳洞"。该洞全长 1500 余米，已开发千余米。洞内时高时低，洞内有洞，曲折幽邃，结构十分奇特。洞内分四厅，每厅可容数百人。第一厅"听泉观云"，景观高旷，上有团云，下有流水；第二厅"长寿宫"，人状石笋、石柱"神仙佛祖"神态不一，耐人观琢；第三厅"水晶宫"，钟乳汇萃，白莹如玉，石壁若一幅天然壁画，五彩缤纷。厅中钟乳石如宝幢垂缨，悬空而下，一石柱上下连属，名曰"擎天柱"；第四厅"锦带垂花""灵山金塔"，此处石群状若花团紧簇，由

高处垂散而下，错落有致，极为美观。其右有一石群，若寺塔，巍然耸立，幽雅静谧。人若置身此中，定会心神荡漾，虽几步之遥，却宛若两个世界。

第二景区王母池位于樵岭前村南面，是一个周长约100米、深约2米的长方形池潭。瀑布自峡谷倾泻而下，帘水击崖，银花四溅。7块10米多高的巨石矗立于瀑布左上方，似仙女在俯首凝思。相传远古时候，王母下界巡行，见此地岩石光洁，飞瀑流湍，便停下祥云，入潭沐浴，

故称"王母池"。

第三景区淋漓湖位于樵岭前村西面，是一座人工湖，建于高山峡谷之内，镶嵌于群峰叠峦之中。该湖长年湖水满溢，环湖山峦迭翠，景色诱人。游人可依岸垂钓或荡舟其中，颇有妙趣。

四门洞>>>

四门洞旅游区位于山东省沂水县城西南20千米院东头乡四门洞村东峙密山（古谓之"时密山"）西北麓，为一座天然石灰岩溶洞，全长

3000 余米，有东、西、南、北四个门，故称四门洞。早年此处建有"洞仙寺"，洞南门口处原有吕洞宾殿，后因长年失修而倒塌。四门洞风景区自古以来就以自然景观和人文景观著称于世，是道教三十六洞天，七十二福地之一。四门洞旅游区主要开发了洞内、洞外、会仙浴、浴仙湖四个层次的景点。四门洞分旱洞、水洞，从水洞可划船至北门。

四门洞的四门分别名为：紫阳门（南门）、玄武门（北门）、青龙门（东门）、白虎门（西门），方位之正不差一度。洞中不但有大量的钟乳奇石和天河、天锅、天桥及洞上

洞、洞内洞等自然景观，而且文物古迹、民间传说较多：有地老天荒、

饱经历史沧桑的莒鲁"春秋古道"；有年代久远、令人难以考察其历史渊源的"洞天""天成"等磨石刻；有美丽动人的八仙故事；有"莒人归共仲及密而死"的"庆父避难处"及"瑶池仙果""九重天""银河飞瀑"等奇特景观。另外，洞外的风景区有"观音园"，园内有 12 米高的观音塑像，形态逼真；山后有"浴仙湖"，传说是当年八仙洗浴嬉戏的地方；山前有"野生动物园"、古银杏树、凉亭等景观。

这些景观交相辉映，共同使四门洞风景区成为了一处具有深厚文化底蕴和丰富历史内涵的旅游风景胜地。四门洞资源特色较明显，风景优美迷人，假日到此旅游者一

直络绎不绝。

将乐玉华洞>>>

　　将乐玉华洞位于将乐县城东南5千米的天阶山下，因洞内岩石光洁如玉、华光四射而得名，是我省最大的石灰岩溶洞，是第二批省级风景名胜区。全洞总长约6000米，有两条通道，由藏禾洞、雷公洞、果子洞、黄泥洞、溪源洞、白云洞等6个支洞和石泉、井泉、灵泉等3条

宽1至3米、深不及膝的小阴河组成。洞内小径盘曲，有"琼楼玉宇""渴龙饮水""朝天曙色""蓬莱叠翠""雄鹰独立""风飘泪烛"等180多个景点，均为石灰岩溶蚀而成，其中尤以"仙人田""炼丹炉""荔枝柱""苍龙出海""童子拜观音"等形象最为逼真。

　　玉华洞是一个层楼式的溶洞，徐霞客称之为"九重楼"。实际上，它是由四层六个洞厅：藏禾洞、雷公洞、果子洞、黄泥洞、溪源洞、

白云洞组成的。其最高的一层（第四层）包括地下舞厅通道、白云洞，形成的年代大约距今 120～300 万年；第三层果子洞和第二层雷公洞、黄泥洞距今 40～120 万年形成；最下层即第一层的一扇风通道，藏禾洞、溪源洞等距今 40 万年左右形成。这四层也表明地壳抬升了四次。

有人说玉华洞内的景点有 160 多处，实际上是万象森罗，丰富多彩。中国古代，尤其是明、清两代，道教盛行，他们把岩洞作为神仙居住的地方，称为"洞天福地"，所以洞内的景物都以仙来命名，玉华洞也不例外。我们在玉华洞中能见到仙人田、仙灶、仙床、仙钟、仙鼓、仙靴等。玉华洞有四大特征和四大奇观。四大特征是：

（1）以风取胜。玉华洞中的气温常年是在 18℃，风由洞中向外吹出；冬季，洞外气温低于 18℃ 时，风由外向内吸入。洞内外温差越大，风力越大。一天之中，随着洞外气温的变化，人们也能感知风力的变化，故称其为"一扇风"，这个"以风取胜"指的就是"一扇风"。

（2）以石炫巧。玉华洞中的钟乳石状物似人惟妙惟肖，"马良神笔""瑶池玉女""并蒂荔枝"等都是其中的代表。"马良神笔"和"瑶池玉女"是两个外形特殊的石笋，

一个像画笔，一个像玉女；"并蒂荔枝"是两根似长满了荔枝的石柱。这四个景观也把玉华洞中四奇之一的"以石炫巧"表现的淋漓尽致。

（3）以水见长。玉华洞中是有水的，不过人们仍然将其称为旱洞，因为洞中的地下暗河是看不见的，它存在于最下层的藏禾洞、溪源洞下面。玉华洞中有三处与水有关的景观，第一个是"仙人田"，它和洞中的一股流泉"井泉"有关。第二个与水有关的景观是"明月落江"，它位于溪源洞的一旁，有一个洗澡盆一样大小的圆形水池，池中有水，两块岩石横跨在圆形水池上方。池水很清澈，洞中不少景物倒映其中，十分美丽。第三个与水有关的景观就是"雷公洞"，因为这里能听到暗河的地下水声，似雷声轰鸣，所以叫"雷公洞"。

（4）以云夺奇。玉华洞最高层有一白云洞，该洞有两奇，一是"五更天"，一是白云。晴天时，白云洞时常会出现白云袅绕、流光溢彩的气象奇观。整个洞都笼罩在云雾之中，层层叠叠，飘飘渺渺，使人有如临仙境之感。这就是玉华洞中四奇之一的"以云夺奇"。

白云洞白云的形成有两个原因，一是洞中泉流多、湿度大，为云雾的形成提供了丰富的水汽条件；二

是白云洞的"五更天",即天窗,又为洞外空气的进入创造了条件,暖冷两股空气碰撞就产生了云雾。而云雾又是往上升的,所以白云都集中在玉华洞最高层的白云洞中。

总的来说,玉华洞中有四大奇观:中国地图、风泪烛、擎天玉柱、五更天。

(1)"中国地图"。在进洞后的第二个洞厅雷公洞中有一个小水池,它的形状很像一幅中国地图。有人以为这个水池有可能是人工凿成的,但实际上它的形成过程中没有丝毫人工因素的参与,完全是自然原因。而且在水池上方的岩石上泉水滴落的地方,还有一幅与水池对称的图案隐约可见。从实质上来看,这个"中国地图"水池也是一种边石坝,但在溶洞中单个的边石坝本就比较稀少,而具有中国大陆的陆地疆界形状的边石坝就更加罕见了,因此它也可以说是奇观了。

(2)"风泪烛"。风泪烛是徐霞客描写的玉华洞奇观之一。它是洞壁因连续流水而形成的一个形态特殊的石幔,形状就好象是一个画家画在洞壁上的一个浑身通白的蜡烛。蜡烛的芯很长,燃烧时流下的烛液形成了白色的"泪",所以人们称之为"风泪烛"。由于这是一种最新的化学次生沉积物,所以它的形成年

名副其实。一般来说石笋一万年只长1米，12米就需要12万年；就算是石钟乳和石笋两相对接，也要6万年之久。而且在这6～12万年的漫长时间内，还需要地表"安静"，气候"稳定"，方能形成这样的石笋，实属不易。

（4）"五更天"。玉华洞最奇的景观就是"五更天"。"五更天"实际上就是一个天窗。这一景观位于玉华洞的最后一个洞即白云洞中，离出洞口（即后洞口）不远。进入白云洞中，游人最先看到的是洞顶上仿佛有一颗明亮的"启明星"在天空中闪烁；继续往前走，"启明星"又变成一弯"新月"；继续前行，光线渐行渐亮，似长夜将晓，游人便将此景命名为"五更天"。尤其是在玉华洞内没有电灯光照明的时代，

代并不是那么的久远，颜色也是雪白的，十分好看。在玉华洞的溪源洞中还有两条石瀑，它们的成因和风泪烛是一样的。这两条石瀑飞流直下，落差（高）达17米（近6层楼房高），宽度达13米，占据了约220多平方米的岩壁，奇异而壮观。

（3）擎天玉柱。擎天玉柱是一根高大粗壮的顶天立地的石柱，高达12米（相当于4层楼房高），直径大约为2米，起名"擎天玉柱"

这一景观更为明显突出。当时的游人到此通常都会熄灭火把，以便更好地观赏这一奇观。最巧的是，在这一景观的旁边，还有一块崩塌下来的巨石，似雄鸡的鸡冠；现在人们用一束红色的灯光打在上面，称之为"鸡冠花"（现为玉华洞的洞标）。两相一结合，就是"雄鸡一唱天下白"，非常神奇。徐霞客对此赞不绝口，曾写道："至此最奇"。

玉华洞于汉初被人发现后，游踪不断。宋代杨时、李纲等都曾游此洞。明代徐霞客游后对此洞有"弘含奇瑰，炫巧争奇，遍布幽奥"的赞语。洞的进出口处岩壁上保留了不少宋代以来的摩崖石刻。明万历年间（1573—1619年），廖九峰曾为玉华洞修志7卷，清康熙年间（1662—1722年）邑人廖云友又重修《玉华洞志》。

桐庐瑶琳洞＞＞＞

瑶琳洞位于中国浙江省桐庐县瑶琳镇，又名仙灵洞。瑶琳洞距杭州80千米，离县城23千米，是华东沿海中部亚热带湿润区喀斯特洞穴的典型代表，属国家级风景名胜区。洞穴形成于距今约10万年前，是一个巨大的石灰岩溶洞，面积达2.8万平方米。全洞深藏地下，姿态万千，以曲折幽深的洞势地貌，瑰丽多姿的溶石景致而被推为全国溶洞之冠，被誉为"瑶琳仙境"。

瑶琳仙境于1979年初探，1981年正式对外开放，以其神奇的地势地貌和瑰丽多姿的钟乳石景而蜚声中外。1991年12月被评为"中国旅游胜地四十佳"。据清朝乾隆《桐庐县志》载："瑶琳洞，在县西北四十五里，洞口阔二丈许，梯级而下五丈余，有崖、有地、有潭、有穴；壁有五彩，状若云霞锦绮；泉有八音声若多鼓琴笙；人语犬声，可惊可怪。盖神仙游集之所也……"

在离现洞口20米左右的老洞口壁上，镌有"瑶琳仙境"四个大字。右边石崖上还留有清光绪十二年（1886年）桐庐知县杨葆彝的题刻。在三洞厅石壁上，留有"隋开皇十八""唐贞观十七年"等字迹，因年代久远，字已被一层透明的碳酸钙结晶覆盖，据估算距今已有1300多年历史。还有一处被胶结的大炭层，据有关专家用同位素检验、分析，证实这是2900多年前西周时期古人用火的遗烬。此外，考古学家还发现了散落于各洞厅间的东汉印纹陶片，五代、北宋的古钱，以及元朝的青瓷碎片等。其中有一面铜镜，上面刻有桐庐籍诗人徐舫的字号"方舟"两字。

全洞共有七个厅，最大的洞厅面积达9000平方米。前四厅为亿万年来大自然的杰作，石笋、石瀑、石幔、石帷幕等，琳琅满目，灿如仙境。这四个洞厅为第一部分，是天然的溶洞。宋代诗人柯约斋在游瑶琳仙境时曾写下"仙境尘寰咫尺分，壶中别是一乾坤"的诗句，对此进行赞美；后三厅运用现代布景、灯光、音响等效果及科技手段，通过 21 个场景，300 多个人物，生动再现了神州传说中的 18 个动人故事，给游人以美的享受，智的熏陶。

过迎宾门进入第一洞厅，第一洞厅洞长 135 米，宽 20～40 米，是整个瑶琳中景观最丰富、最集中的地方，其中又以百景厅为代表。走进狮、象看守的迎宾门，即可看到百景厅。琳琅满目、千姿百态的景石，围绕着洞厅中央一个很大的洼坑，四周有璀璨夺目的广寒台，有明暗隐现的"宫阙亭阁"，又有玲珑可爱的"熊猫戏球"；有婀娜多姿的"玉兰幽香"，还有灿若锦霞"石幔垂台"。洼坑中还有"鲤鱼跳龙门"的生动景象，在红色灯光下，鲤鱼背上的鳞片都似历历可见。

在百景厅之侧是国内岩石溶洞中极为罕见的石瀑布——银河飞瀑，它高 7 米，宽 13 米，银色石瀑从洞顶飞流而下，耀眼夺目。石瀑下有一碧潭，水清如镜。石瀑旁矗立着一根高达 7 米的溶岩滴柱，上面好似九龙盘绕，称为瀛洲华表，是瑶琳仙境的第二标志。据推算，它至少已有 100 万年的历史了。出了百景厅，便是灵芝山，在这里可见到不少细巧景石，或如瑶花，或如灵芝，或如珍珠玛瑙。在灵芝山下有一名为"仙乐洞"的洞景，它由一排钟乳石组成的编磬和一组石笋群组成的紫竹林构成，在此可听到清越的钟声，使人流连忘返。

第二洞厅地势崎岖，深坑幽谷层出不穷，危岩陡壁屡见不鲜。洞厅内部有三个洼坑，坑底有地下河出露，雨季流水淙淙，潺潺有声。洞内石景分前、后两部分，前部为龙宫厅，后部为群狮厅。龙宫厅内有一险峻雄伟的坑谷，洼坑中有龙宫殿。在龙宫殿旁一个岔道上，有几支石柱、石笋耸立在一池清水之中。尺幅天地，集中了山水之秀和田园之美，所以谓之"桃源村"。与桃源村遥相对应的还有一支优美的

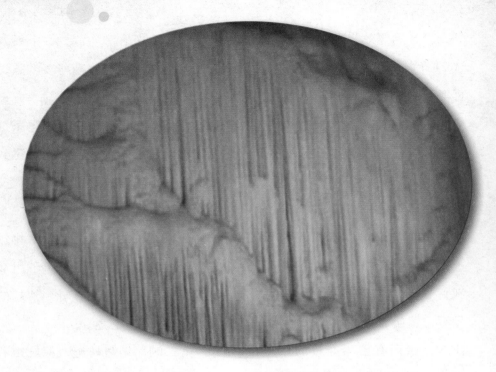

田园景色"又一村"。村中有浓荫遮天的大树,有金光灿灿的麦垛,还有小桥流水和村舍。从龙宫殿出来,走过危道断涧,来到一个近百平方米的休息厅,厅中有"群狮聚会"的石景,千姿百态,各竞其俏。

第三洞厅是瑶琳仙景中最大的洞厅,长 170 米,宽 40～70 米。进入洞厅后,迎面是高逾 30 多米,直径为 7 米的一根被称为玉柱擎天的石笋凌空矗立,把这 9700 平方米的洞厅牢牢顶住,它雄伟壮观,是瑶琳仙境的瑰宝。右侧有一片 30 多米高的石笋群,层层叠叠,在彩色灯光照射下,气象壮阔,奇幻宏丽,犹如西天极乐世界,所以被称为"三十三重天"。洞厅中还有一株最为珍贵的石笋,色泽如玉,细腻精致,晶莹可爱,被称为玉树琼花。

洞内常年恒温 18℃,冬暖夏凉,

与外界温差有 10 多度，无论是炎炎夏日，还是三九寒天，瑶琳仙境都不失为一处游览的绝佳之地。瑶琳仙境的奇异，为人们的想象提供了广阔天地，妙峰苑、三宫六苑等应景而生，又为人们的神游增添了更多乐趣。

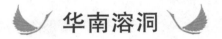

华南溶洞

芦笛岩>>>

芦笛景区位于我国广西桂林市西北的桃花江畔，距市中心 5 千米，是整个漓江风景名胜区的重要组成部分，拥有大自然赋予桂林山水的清奇俊秀的岩溶风貌，1982 年 11 月成为国务院颁布的第一批国家重点风景名胜区之一。芦笛景区由桂林市最高的山峰——侯山和最美的溶洞——芦笛岩以及桃花江、芳莲池等水体水景组成，山水相依，组成了一幅绝好的山水田园风光图。芳莲岭、光明山、芳莲池、桃花江，再配以周围美丽的自然风景，可谓是内秀外雅、妙趣天成，具有极高的观赏、游览、科研、历史和文化价值。

桂林山水是典型的岩溶地貌，而芦笛岩又是桂林岩溶地貌中的典型代表，因溶洞内瑰丽壮观的钟乳石景观而闻名于世。溶洞高 18 米，面积 15000 平方米，游程约 500 米。洞内石奇洞幽、高低错落、曲折迂回，钟乳岩千姿百态，景象万千，状物逼真，配以现代高科技的彩色灯光更显得色彩斑斓，景致奇绝。来到这里，仿佛置身于童年梦幻里的王宫一般，它又像是一座用宝石、珊瑚、翡翠雕砌而成的宏伟、壮丽的地下宫殿。在这个奇妙的"宫殿"中，琳琅满目的钟乳石、石笋、石柱、石幔、石花拟人状物，惟妙惟肖，构成了三十多处景观，有"红罗宝帐""高峡飞瀑""盘龙宝塔""原始森林""帘外云山""水晶宫"等，可谓移步成景，步移景换。芦笛岩内所有的景观都是大自然鬼斧神工的杰作，没有加一点人工修饰，因此，芦笛岩又被人们誉为"大自然艺术之宫"。

芦笛岩形成于 100 多万年前。

它原来是一个古地下湖，后由于地壳运动，山体抬升，地下水位下降，地下湖变成了山洞。地下水沿着山体中许许多多的破碎带流动，溶解了岩石中的碳酸钙。当地下水从岩石缝隙流到洞中时，碳酸钙就开始沉淀结晶。经过近百万年的沉淀、结晶，形成千姿百态的钟乳石。含有碳酸钙的水从裂缝中滴下来，由于洞中气温高，气压低，水分蒸发后，水中所含的碳酸钙就凝积起来。还没有滴到地下就凝固了的，就成为悬挂在洞顶的石钟乳；滴到地上的，就形成从下往上长的石笋。时间久了，石笋和石钟乳连接起来，形成了石柱。如果滴水量增加，变成片状流动的水，就会形成石瀑布、石幔、石旗一类的形态。中国有句成语"水滴石穿"，但芦笛岩却是水滴石长，一旦滴水停止，钟乳石的生长也就停止了。芦笛岩的裂缝较大且多，含钙的岩溶地下水丰富，含杂质少，钟乳石堆积物沉淀结晶迅速，而且洞口窄小，通风微弱，风化作用进行缓慢，因此岩洞内钟乳石堆积物规模巨大，气势雄伟，色彩鲜艳。

芦笛岩年接待游客量居世界岩溶景区之首，被誉为——"国宾洞"。有众多党和国家领导人、外国首脑及政要都参观过芦笛岩，其中有邓小平、李鹏、朱镕基、李瑞

1963 年 2 月 23 日，柬埔寨国家元首西哈努克亲王和夫人在我国副总理兼外交部长陈毅夫妇陪同下游览了芦笛岩，并在洞内合影留念。亲王赞道："很雄伟，很壮观，这样的美景让我毕生难忘。"这是到芦笛岩游览的第一位外国元首。1973 年 10 月 15 日，加拿大总理特鲁多在我国副总理邓小平陪同下，来到芦笛岩。参观中，特鲁多和夫人不时停下来仔细地观察洞内奇特的景色。当导游员介绍到一个石鼓时，特鲁多饶有兴趣地上前，轻轻手击石鼓，一时洞内响起"咚咚"的神奇鼓声。

环、胡锦涛等领导人，还有美国前总统尼克松、卡特、德国前总统理查德·冯·魏茨泽克、前联合国秘书长德奎利亚尔、加拿大前总理特鲁多、奥地利联邦议会议长哈塞尔巴赫博士等很多外国首脑及政要也都为它的魅力所折服。

总理先生连连称道："太神奇了，太神奇了。"1975 年 4 月，比利时首相廷曼德斯游完芦笛岩后感慨地说："芦笛岩的美景，我一辈子也不会忘记。"1976 年 2 月 28 日，美国前总统尼克松夫妇也走进了这座"玉宇琼宫"。兴致勃勃地游完了 500 米的

游程后，尼克松夫人称赞芦笛岩："奇特壮观，就像宫殿一样。而发现岩洞的人们更伟大。""不仅风景秀丽，加上有趣的故事和传说使风景增添风采，人们游兴更浓。"

芦笛景区不仅拥有秀丽的景色，还拥有深厚的文化底蕴。景区内有许多的石刻和壁书，壁书指的就是古人在岩洞石壁上留下的墨笔题字。景区内共发现古代壁书170则，已发现最早的壁书出自唐贞元八年（公元792年）洛阳寿武、陈皋、颜证、王淑等四人题名，其中颜证曾为桂州刺史。芦笛岩壁书中有不少是文人、僧侣和游览者的题名、题诗，作者来自全国各地，题材以游览记事为主，可见早在1000多年前的唐代，芦笛岩就已经成为了一个游览胜地。除此之外，近代的人文景观则有陶铸碑林以及郭沫若题写的石刻《满江红之咏芦笛岩》等。

经过几十年的建设，景区的基础服务设施日臻完善，已建有为游客服务的游客咨询服务中心、游客

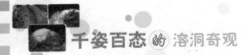

先后荣获了全国"五一劳动奖章"、"全国杰出青年文明号"等荣誉称号。2000年12月，芦笛景区经国家旅游局评定，成为国家首批AAAA级景区。2002年6月，景区又正式通过了ISO9001质量管理体系和ISO14001环境管理体系认证，为跻身世界旅游知名品牌迈出了坚实的一步。2003年4月，景区管理处又获得了中华全国总工会颁发的"全国五一劳动奖状"。

休息室、一万多平方米的生态停车场、精致的园林小品和免费使用的五星级公厕等。在服务方面，景区还培养了一支观念新、服务意识强的高素质的员工队伍，芦笛岩导游班受到了无数中外游客的交口称赞，

水源洞>>>

广西有两个水源洞：波心水源洞和凌云水源洞。

1.波心水源洞

波心水源洞风景区位于广西凤山县城西南面22千米的波心村，总面积约 14 平方千米，为一处完整的喀斯特地貌。它由波心河、水源洞、飞龙洞、南天门、雷劈岩等景点组成。

波心风景区以山奇、水秀、洞秘等特点吸引着世人。波心河其实是一条暗河，只是在波心露出，形成波心河。它由凤山境内的平乐、金牙、江洲三支暗流汇集而成，地下流程 50 多千米，平均流量 5.1 立方米／秒，是广西流量最大且流程最长的溶洞暗河。波心河全程 60 多千米，地下暗流蜿蜒曲折，偶尔出露明流，形成规模宏大、神奇多彩的岩溶景观和地下水群景观。从地下流出的明流犹如一条蛟龙缠绕波心大坝，又经波心桥转入了袍村溶洞长廊。

波心河是世界著名长寿之乡巴马盘阳河的源头。沿河两岸景观绮丽、气候宜人、环境幽雅。生活在这里的人们世代健康长寿，水源边共 300 多人口的三个村寨就有长寿老人 12 人，其中百岁以上的老人有 4 人。沿河一带是人们休闲、度假、观光旅游的胜地。

水源洞是波心河风景区的一绝，传说古时候洞内深潭栖息着一头体形庞大的犀牛，困洞口窄小无法外出而经常在深潭中出没，故而也称"犀牛宫"。水源洞全长 690 米，潭深 16～30 米，为地下河连体天窗，

人称"中华三洞天"。洞外流水哗哗，洞内不见急流涌出。驶船游览，洞内水平如镜，沿途三暗三明，暗处如水底龙宫，明处如见通天潭，洞中有水，水中有洞，水转山移，水啮山穿。四周悬崖险峻，壁上岩溶景观千奇百怪，引人入胜。

波心河西面的飞龙洞和南天门也是别具一格。飞龙洞为天生桥型，跨度约 70 米，宽、高各 150 米，桥底为流往水源洞的暗河，水深不可测。洞中四壁石笋、石幔遍布，形态各异，妙趣横生。南天门山峰挺拔，直指苍穹，洞口端正四方，入口便为直径约 200 米、深约 200 米的大天坑，坑底为幽幽深潭，潭水经地下暗河由水源洞流出。沿天坑

边缘擦行，可入内洞。洞内左右岩厅宽敞，左厅约 3000 平方米，右厅约 2000 平方米，洞内乳石琳琅满目，千姿百态。更为奇妙的是左厅内有一座仙人桥，跨度约 60 米。仙人桥下巨大黄色石乳耸立，似皇宫金塔，雄伟壮观，据说深处还有暗河瀑布。雷劈岩距离水源洞 600 米，是一天然耸立的巨大石板，高约 70 米，宽15 米，厚 4 米。

2. 凌云水源洞

水源洞在清代以前叫做灵岩或灵洞，位于广西省凌云县城东北1000 米处的百花山下，洞外奇峰四合，古木参天，飞鸟争鸣，河水碧波荡漾。水源洞洞口宽敞，宽 30 余米，高 30 米。早在康熙年间，洞口

大厅就有庙宇佛像，香火甚盛，游人不断。历代名人骚客在洞内留下了许多诗词碑刻，其中洞顶最高的石崖上刻有"第一洞天"四个雄伟苍劲的大字，为乾隆四十三年（1778年）左江观察使王玉德所题。在"第一洞天"里有一个大大的"佛"字石刻，高1.7米，宽1.2米，笔力雄健。"佛"字的左下方原有落款，写着"楚南八十老人刘璜书"，"文革"时期，惨遭敲坏，落款人名已难辨认。但当时八十高龄的刘璜老人还写得如此笔力遒劲的大字，可见他绝非等闲之辈。据说刘璜老人文武双全，但怀才不遇，仕途坎坷。清道兴年间，云游到水源洞，见山明水秀，风光怡人，便落发为僧长住下来。他精通琴棋书画，以诗会友，十分风雅。这个"佛"字，意思是说，洞景清幽，足以养性，平生仆仆风尘，老来游此，尘心尽涤，仿佛步入佛国，求得精神上的安慰。寓意深远，给人以启迪。

水源洞全长500米，洞内有地下河，四季常流，洞中有钟乳石、石笋、石栏、石花等，千姿百态。目前已开发有"双狮对语""镇宝花猫""哺乳金狮""寿翁棒桃""引颈骆驼""通天宝塔""金狮探海""古洞灵芝""灵虚佛手""静室"等14处景点。洞中地下河流出成为澄碧河的"水源头"，故水源洞又有"澄碧河之父"之称。水源洞中的地下河落差约200米，水流湍急，汹涌澎湃。水源洞为凌云洞景的代表，《中国名胜辞典》《广西名胜纪游》中都有水源洞的介绍，北京故宫博物馆收藏的泗城府画卷中也有水源洞胜景。

月亮水岩>>>

月亮水岩是阳朔最壮观的、具探险意义的和保持得最原始的地下河水晶溶洞，位于阳朔十里画廊的末端——平塘村，是高田田园风光的最精华部分，距月亮山景区约两千米。该洞入中呈半月，出口似圆

月，故此得名"月亮水岩"。洞口有一股清泉从约20多米高处飞泻直下，形成一大瀑布景观，如水帘洞一般。

戏。游人可乘船入洞，也可趟水入洞或由陆路入洞。洞内有六层洞天，洞中有洞，洞洞相连；地下河流经

洞中还有一个面积约600平方米的湖泊，可以游泳，在三米高的跳台跳水，以及玩抢渡绳索桥等水上游

九座大山，河水无比清澈；水晶盆地、地下瀑布更是遍布全岩。

洞内宛如一个神奇的地下宫殿，

大型钟乳石奇形怪状，美不胜收。游人可以从一个洞口进入另一个洞口出，不需要走回头路。洞内行程约3000米，游程约1.5～3个小时，或者更多。在月亮水岩的所有景观中，最有特点的是一个天然海底泥巴浴场，里面的泥细细滑滑的，没有任何杂质，平滑均匀，厚厚地铺满整个池子，游人可以在这里尽情玩耍，仿佛回到了童年时代。

伊岭岩洞>>>

伊岭岩位于武鸣县境内，距南宁市郊18千米，是一座典型的喀斯特岩溶洞。该洞因地处伊岭村而得名，又名"敢宫"（壮语），意为像宫殿一样美丽的岩洞。据地质学家推断，该洞形成于约100万年前。相传南宋开禧、嘉定年间（1205—1224年），有周师庆道士在此"结庵修炼"，后来"坐化岩中"，因此后人把伊岭岩叫做"望仙岩"，并在山顶建造了仙山寺。

该洞窟位于梁满山腹中，状若海螺，洞分三层，曲折迂回，变化无穷。洞内已开辟八大景区，100多个大小景点，面积2.4万平方米。进入洞内，可见千姿百态的钟乳石、石笋、石柱、石花、石幔，在现代声光效果的映衬下，形成了无数瑰丽逼真、任人想象神驰的

景物：展翅欲飞的是"金凤凰"，"波光粼粼、鱼帆点点"的是"海岛渔家"，挂满"金谷""蔬菜""瓜果"的是"五彩丰登图"，遨游的"海狮""海龟""海豹"和"海虾"是"海底公园"。岩洞游程1100多米，真可谓一步一景，景景各异，鬼斧神工，奇幻无穷，令人叹为观止！

伊岭岩风景区方圆数十里皆为喀斯特地貌，秀峰林立，翠峦层叠，蜿蜒伸展，融入远天。郭沫若1963年到此游览时，曾留下了"群峰拔地起，仿佛桂林城"的诗句。该景区于1975年开放，每年都吸引数

十万中外游客观光游览，自治区许多活动如广西国际民歌节、中国电视金鹰奖活动等也均在此举行。

桂林七星岩>>>

广西桂林大漓江风景区有三个著名景点，即人们说的三山（象鼻山、叠彩山、伏波山）两洞（七星岩、芦笛岩）一条江（漓江）。其中两洞之一的七星岩位于桂林七星公园内，洞内景色奇特，引人入胜，是游人到桂林旅游的必游之地之一。

其实历史上的七星岩并不叫今天这个名字，如隋唐时代称栖霞洞，

宋代又称仙李岩、碧虚岩。七星岩位于七星公园内的普陀山腹，东西贯通，入口在天玑峰的西南半山腰，出口在东麓。它原是距今100万年玉雪晶莹的石钟乳、石柱、石笋、石幔。洞体共分3层，最宽处43米，最高处27米，整个游程814米，全洞似一条珠串状的地下长廊。七星

前的一段古老地下河道，后来地壳运动，河道上升，露出地面，成为岩洞。在漫长的岁月里，雨水沿洞顶不断渗入，溶解了石灰石，并在洞内结晶，于是形成了千姿百态，岩以雄伟、宽广、曲折、深邃著称，是一座石灰岩发育较完全，景物较丰富，保护较完好的地下宫殿。洞内石乳、石笋、石柱、石幔、石花变幻莫测，玄妙无穷，组成一幅幅

绚丽的图景。洞中的著名景点有古榕迎宾、白兔守门、仙人晒网，巨石镇蛇、九龙戏水、银河鹊桥、石林幽境、孔雀开屏、蟠桃送客等40多处妙趣横生的景致。由此也诞生了无数神话故事，在民间广为传流。

七星洞被人们比喻为神仙洞府，自古以来，有很多文人骚客为七星洞写过很多赞美的诗句，如明代进士桂林人张文熙曾在七星岩入口题词"第一洞天"，意即七星岩为名山洞府中最好的。1963年，叶剑英元帅游完七星岩之后，也作诗道："海洋冲刷山穿洞，石乳冰凝玉塑山。幽窟千年共避难，今游人乐舜尧天。"同年，郭沫若题了一首诗于七星岩后洞口："万象森罗，舞台上群仙奔逸。与芦笛，悬殊大小，难分甲乙。地上洞天今有二，天星坠地居然七。廿四年，旧地又重游，惊变质。乾坤改，太阳出。群鬼遁，阴霾阋。问谁疑跃进歌声非实？电线穿崖光灿烂，云梯缘壁途安谧。看红灯天半照天门，何洋溢！"亦在这一年，徐特立老先生游完七星岩后也作诗一首《游七星岩》："七星岩洞，风景独好。地灵人杰，祖国之宝。"足可见七星岩的魅力之高。

银子岩溶洞>>>

银子岩风景旅游度假区位于桂林市荔浦县马岭镇，交通便利，距桂林市85千米，距著名旅游地阳朔

仅 18 千米。贯穿了 12 座山峰的银子岩，现已开发游程 2000 米，分为下洞、大厅、上洞三个部分，洞内绚丽、幽美的景点有 28 处，奇特的自然景观堪称鬼斧神工，色彩缤纷而且形象各异的钟乳石石柱、石塔、石幔、石瀑等构成了世界岩溶艺术的万般奇景，被世人美誉为"世界溶洞奇观"。

走进银子岩，呈现在游人面前的是一个巨大无比的"荔浦芋"，这是一个 2 米高、1 米厚的石笋，造型惟妙惟肖，美名为"荔浦芋王"。向前数步，突然有一块大幅石屏映入眼帘，这一簇奇景仿佛是舞台的帷幕，揭开了整个地下世界艺术宝库的序幕。继续向前，真正变幻多姿的神奇美景渐渐开始出现，令人大开眼界，形色各样的钟乳

石，如仙如神，像人似物，栩栩如生，真不愧为溶洞奇观。再前行，则来到一个冰、雪、霜交融的银装世界，从高处俯瞰，所有景致尽收眼底，最底处是个非常华丽的水池，在灯光的照射下，池内晶莹剔透的钟乳石，如出水芙蓉，淋漓光亮。传说此地并非一般地方，而是当年杨贵妃沐浴过的"华清池"。而从另一个角度看去，这里又仿佛是龙宫的入口，典雅而神秘。

穿过仙苑过道，便来到了庄严神圣的佛堂，底层众多的石笋形如群佛端坐一堂，似是在聆听坐在高台的佛祖传经布道，配以声乐梵音阵阵，故名为"佛祖论经"，被列为洞中"三宝"之一。

走去不远，正面出现一组乳白色的"音乐石屏"——这是银子岩"三绝"之一，为一般溶洞所不见之独特景致。此石屏高约3.5米，宽约5米，是数十片细长石屏连在一起形成的，深浅厚薄各不相同，只要轻敲打一下即发出悦耳动听的音律，如同传说中的"仙乐奏鸣"，又宛若"天籁之音"，醉人心神。以景论物，最引人瞩目的景致当数"瑶池仙境"，此为银子岩的第二绝景。此景致由一排15米高的石幔簇拥而成，堪称巨大的珠帘玉锦。它倒垂浅池之中，矗立在洞顶与地面之间，呈现丝缎般轻盈的优美姿态，折射出五彩缤纷的华丽光彩，映入清澈如镜的池水中，壮哉美哉，令人不得不惊叹大自然的巧夺天工。

异彩纷呈的景色还在一路延续，步移景异。在一些高低不同的石笋中，雪花满天飞舞，似乎进入了银装素裹的北国之冬，一株坚实茂盛的雪松映现眼前。它虬枝交错，冰雪覆盖，树根深入一个巨大的金盆之内，金石层层垒垒，美其名曰"金盆雪松"。再过去一点，又渐渐显现出另一个奇观——"银子钻石"，这是因为钟乳石表面附有方解石颗粒，折射出闪闪光芒，像银子、似钻石、

如水晶，"银子岩"因此得名。此景又叫"雪山飞瀑"，好似霎时间从顶端泻出20多米高的雪瀑，水滴纷飞四溅，壮观奇美，此情此景不禁使人联想起唐代大诗人李白的绝世诗句："飞流直下三千尺，疑是银河落九天"。

洞内每一处皆可独立成景，远观又形成一个奇异的景观世界，形神意似，令人浮想联翩。越是深入洞中，越是奇石遍布，景观也越是高大雄伟，形色壮美。擎天石柱犹如一棵立于峰巅之上的老松，忧郁沧桑，周围遍布均匀细长的枝杈，巍巍高乎26米，是洞中"三宝"之二，名为"独柱擎天"；凌驾于半空之中的"险峻天桥"则不禁使人联想起牛郎织女的传说故事，最使人惊讶的是，这"桥"的另一端与岩壁只有一丝相接，的确险峻！更有奇趣迥异的伞状钟乳石，人们将其比作神话中北方多闻天王手中的神器——"混元珍珠伞"。它形象而生动，实属溶洞景观中的绝品。而且

这种在地质变化以及石灰岩溶解的复杂变化过程中产生出的奇特形状，对地质学、地貌学、洞穴学等学科均具有很高的科研价值。

向上回环，多种形景变幻多姿，"金银群塔"布满四处，其特殊的结构，相信会使世界上的顶级建筑设计师们都望尘莫及。前方的"神奇双柱"顶天而不立地，悬空倒挂，不少国内外专家来此考察，都说从未见过此种粗壮高大且并列生长在一起的悬挂双柱，它也因此被视为银子岩的第三大绝景。

沿着旋转通道继续向上，道路蜿蜒曲折，有时仿佛走入了宽阔的广场，有时又会经过一段羊肠小道。走在众多的奇石峻景之间，别有一番风情。行至

"瑶池仙境"背后，游人可以发现此处汇集了不同地质年代形成的钟乳石，呈黑色的是老年阶段（100万年）；呈橘黄色的是中年阶段（60万年）；呈乳白色的是青年阶段（40万年）；呈洁白色的是幼年阶段（20万年）。这里还有个温馨的名字，叫做"四世同堂"，为国内溶洞所罕见。进入了上洞，有的地方好似敦煌石窟，内部满是如雕刻般的石画，层层叠叠，光怪陆离；有的地方则宛如一幅壮锦，上方还有珠光宝气的

宫灯，稀有的古铜镜，美妙的艺术长廊，千年灵芝，森林公园以及各种各样的野生动物，无不惟妙惟肖。

银子岩洞内以其雄、奇、幽、美的溶洞景观闻名，洞外则以幽静而恬美的自然风光著称。"山水横拖十里外，楼台高起半山中"，远眺群峰环绕，广袤的田野上，俊秀的小青山、朝寨山拔地而起，不牵不连，洒脱于尘世；农家屋舍聚集山下，呈现出一派宁静的田园风光；清湖小岛簇簇桃林，满山茂林修竹，山山水水都绿得迷人。人们在苍翠中自有一种清幽、怡心，回归大自然的感觉，这里也因此被游客们贯以"诗境家园典范"之美称。

西北溶洞

腾龙洞>>>

腾龙洞风景名胜区距利川市（湖北省最西部）6千米，景区总面积69平方千米，集山、水、洞、林于一体，以雄、险、奇、幽、秀而驰名中外。该洞洞口高74米，宽64米，洞内最高处235米，初步探明洞穴总长度为52.8千米，洞穴面积200多万平方米。洞中有5座山峰，10个大厅，10余处地下瀑布，洞中有山，山中有洞，水洞旱洞相连，主洞支洞互通，无毒气，无蛇蝎，无污染，洞内终年恒温14～18℃，空气流畅。洞中景观千姿百态，神秘莫测；洞外山清水秀，水洞口的卧龙吞江瀑布落差20余米，吼声如雷，气势磅礴。

原全国人大常委会副委员长王

任重曾为该洞题写了"腾龙洞"洞名；原湖北省委书记关广富为水洞挥笔题词："卧龙吞江，天下奇观"；原全国作家协会副主席冯牧也挥毫泼墨，写下了："登山当攀珠峰，揽胜应探腾龙"的诗句。1988 年，25 名中外洞穴专家经过历时 32 天的实地考察论证认为，腾龙洞属世界特级洞穴之一。1989 年，腾龙洞被湖北省人民政府审定为省级风景名胜区，1999 年被命名为全省爱国主义教育基地，2005 年又被国家级权威刊物《中国国家地理》评为"中国最美的地方""中国最美六大旅游洞穴——

震撼腾龙洞"。

腾龙洞景区由水洞、旱洞、鲤鱼洞、凉风洞、独家寨及三个龙门、化仙坑等景区组成，整个洞穴系统十分庞大复杂，容积总量居世界第一，是中国旅游洞穴中的极品。目前洞内已建成全国最大的原生态洞穴剧场，每天一场高水准的大型土家族情景歌舞《夷水丽川》让来此的游客了解了土家族的动人传说。

狮王洞>>>

狮王洞是陕西省安康市境内发现的一处石灰岩溶洞奇观，因洞内

有一只足蹬绣球的石狮而得名。狮王溶洞距安康市区约 40 千米，位于双龙镇双龙村九组的半山腰中，总面积约 700 余平方米，可容百余人同时观光而不显拥挤。

狮王洞有两个洞口，内部奇洞分呈，曲径通幽，使人不禁想入内一探究竟。擎灯火俯瞰溶洞，洞内怪石嶙峋，千姿百态，奇异无比，一排排数不清的白色钟乳石似冰柱般闪闪发光，无数圆锥形的石笋挺立向上，形成各种形状的石柱。特别是那只形体彪悍，足蹬绣球，虎视眈眈的雄伟石狮，神态惟妙惟肖，栩栩如生。一根盘龙石柱，高约 20 余米，四人环抱，方可围腰，且与另外三根石柱遥遥相对，蔚为壮观；十余柄宝剑合拢在一起，凌空倒刺，利刃闪烁；十根细小溶柱对峙成形，挺拔峻秀。另外，一枝独秀、罗汉观天、莲花宝座、垂钓宝舟、弥勒佛尊等造型精美、逼真的石物又成为一个又一个独特奇观，令人目不

暇接。

如今，狮王洞和省级旅游景点瀛湖连为一线，成了安康市一处别具特色的旅游景点。

香溪洞>>>

香溪洞风景区位于安康市城南约 5 千米处。据碑文记载，香溪洞创建于明代成化初年，相传是八仙之一吕洞宾的修行炼丹之地，昔称

"古洞仙踪"，为安康八景之最。

香溪洞风景区总面积达10余平方千米，分香溪洞、三天门、蜈蚣山、牛蹄岭五个景区，有50多个景点。风景区的森林覆盖率达85%以上，有稀有珍贵树木12种，被称为"活化石"。1989年12月，香溪洞风景区被列为第一批省级风景名胜区。香溪洞风景区四面群山环抱，翠屏相列，草木葳蕤，亭宇林立，风光

绮丽明媚。小溪、流水清澈，悬帘挂布。溪水两岸，绿树馥郁，清馨气爽，碧草香花，平铺如茵。溪旁长有奇花"香团刺"（俗称七里香），每逢春季盛开之时，花随水转，水播花香，香味远扬，令人陶醉，故名"香溪洞"。

香溪洞历经各代修葺后，如今已具宏大规模，楼阁、亭宇、天梯，金碧辉煌；洞穴、石刻、石雕，雅俗共赏。特别是放置在那里的道教人物雕塑，更是形态逼真，栩栩如生。景区内的三道门、纯阳洞、炼丹炉、龙门谷、架云桥、玉皇阁、望江亭，一处一个传奇，一物一个典故。香溪八景、香溪八洞更富诗情画意，美不胜收。

古往今来，香溪洞风景区以其优美的天资风韵，古雅的建筑和神奇的传说，吸引了无数游人，更留下了许多珍贵文物遗迹。现景区仍存有宋代兴安太守希舜题写的《游香溪》、明代诗人普辉的七言绝句和清

末最后一任知县林炀光的撰文石碑。解放后，中央领导和国外友人曾多次到香溪赏游。后来，安康城建部门又复修了玉皇阁、天梯、云桥、楼阁、亭宇、洞穴、塑像，并且广植林木花草，便景区面貌焕然一新，被称为"楼阁云中建，竹木遍山丛，

花草迎宾笑，溪水四季清"的仙境。

仙女洞>>>

位于青海省河南蒙古族自治县县城西南45千米处的吉岗山麓乌尔哈斯沟，有一个天然大溶洞，洞内幽深奇妙，神秘莫测，相传为仙女下凡聚会娱乐之所，当地群众称之为仙女洞。仙女洞洞中有洞、洞洞相连，上下交错、景状各异，险中藏奇、奇中具险，左右蜿蜒、幽深无尽，已探明深度千余米。从洞口向里依次排列，大致可分为前厅、中厅、后厅。

前厅由"门厅"和"天井"组成。"门厅"面积千余平方米，可容纳数百人。"天井"位于门厅北侧，高约20米，宽9米。在天井崖壁上有16个大小深浅各不相同的石洞，里面安奉着姿态各异的十六罗汉塑像。

中厅由仙女祭祀厅、药王厅、观音厅组成。仙女祭祀厅内的石钟乳犹如众多仙女祭祀佛祖；药王厅内

第二章

中国溶洞

簇拥下翩翩而降，犹如仙女下凡。邻近有一半圆形小溶洞，洞内的晶体方解石把整个溶洞装点得富丽堂皇。洞底平坦光洁，在上面蹀步，能发出悦耳动听的响声，高歌低吟则发出动听的回声，传说此处就是下凡仙女起舞的地方。再往前走，来到玉柱厅。玉柱厅为一个三角形溶洞，一串串乳石从洞顶下垂，闪闪发光，似宫厅吊灯，地面上的乳石柱如雨后竹笋般拔地而起，支撑着洞顶。林立的乳柱色泽斑斓，触之润滑，犹如翠玉；叩之有声，如金铁鸣。因石柱数整80，故也称之"八十玉柱厅"。再前行有龙王厅，厅内有地下湖和龙水池……

仙女洞究竟有多深，通向何处，尚未探知，但洞中有大量形态各异、千姿百态、惟妙惟肖的浮石、石柱、石笋、水晶石等，是避暑、旅游、探险的胜地之一。

二、

三平方米的平地上耸立着一根高约70厘米、宽30厘米的石柱，顶部呈凹型，宛如研药器，里面有一些淡黄色石粉，当地人将这淡黄色的石粉称为神药，据说可以治病，故此厅被称为药王厅；观音厅内的石柱、石笋则如一樽樽观音端坐在莲花宝座上。

从中厅跨越上宽下窄的无底洞，再往下行便来到"仙女厅"，这是一个可容纳五、六百人的大溶洞，洞壁光洁滑润，洞底平夷，洁净如洗，洞内乳石形成的仙女似在团团白云

柞水溶洞>>>

柞水溶洞位于西安市南秦岭山中柞水县城南 13 千米的叉路口，磨石沟南 4 千米的石瓮乡一带，面积约 17 平方千米，距西安市 160 千米。这里自然环境灵秀典雅，景点多而集中，既有可与瑶林仙境媲美的喀斯特溶洞群，又有山清水秀风光迷人的山峰美姿，是一处难得的以溶洞和自然景色为主的旅游区。在该区中目前已发现的溶洞有 115 个，在已探明的 17 个溶洞中，最为吸引游人、自然景观绚丽多姿、可以开发利用的溶洞有 9 个。其中佛爷洞、天洞、风洞、百神洞等已对外开放。

柞水县石翁镇山清水秀，奇峰突兀。因为其地质多为石灰岩，裂缝较多，透水性好，加之又是亚热带气候，温度较高，岩溶发育较快，已明显外露的有佛爷洞、天洞、风洞、百神洞及西干沟的玉霞洞、金铃洞、探奇洞和东干沟的云雾洞共 100 多个溶洞。洞内钟乳石和石笋千姿百态，各具风采，均可与杭州瑶琳仙境媲美，与桂林山水争奇。由于这里都是纯净的自然风物，无任何污染，所以这里也是人们回归大自然的好去处。

1985 年 4 月 25 日，原陕西省副省长徐山林游洞后题诗："神雕鬼凿九分玄，天设地造一奇观。楼台亭廊有怪致，深邃森密幽生寒。偷来人间千幅画，呼出玉宇万家仙。终南胜景知多少，此处别开一重天。"1985 年 5 月上旬，已故的原陕西省地方志编委会主任陈元方游洞题诗："古洞天功成，人间大奇观。陕西文物盛，四化花争艳。"1994 年 6 月 11 日，商洛籍著名作家贾平凹游洞题诗："脸前鸟鸣树，身后蝶恋花。有乳欲哺谁，无戏幕不拉。卧笋思七贤，敲壁想伯牙。归来日暮里，柴门吃糊把。"同日，著名散文作家刘成章游洞题诗："千年构思万年雕，至今未搁手中刀。大奇大美大艺术，

谁人品味不折腰。"

1. 佛爷洞

佛爷洞位于山腰,洞口面向西北,海拔797米。1998年在洞口放置了一个3米高的铜佛像,佛像伸出右手拂天,游人可由铜佛袖口入洞,颇有妙趣。民国七年(公元1918年)前,洞内庭堂有两尊佛像,惟妙惟肖,生态盎然。不过,民国八年(公元1919年),当地人将二佛移往了百神洞中。

佛爷洞是具有上、中、下、底四层的溶洞,共有7个大厅堂,23个小厅堂,大的平坦开阔,如同大雄宝殿;小的典雅秀丽,宛若苏州园林。此洞的景物奇特雄伟,光怪陆离,最值得一看的景点有:迎宾厅、叠翠廊、卧龙岗、白女洞、宝莲柱、二佛观海市、猴王点兵、菊花厅、蘑菇塔、栖鹰崖、笔架山、乌龟闯海、圣母揽天官、水帘池、水帘洞、水帘宫、雄狮镇奇峰、将军夜巡、湘子苦学等。迎宾厅诗曰:"方圆二百米,别开一洞天。不是武陵地,胜似桃花源。"

2. 天洞

天洞毗邻佛爷洞,位于海拔805米的呼应山腰。由于入洞后步步而上,大有登天之势,故名。据地质学家分析,此洞与佛爷洞相通,但目前尚未发现通道。与佛爷洞相比,天洞有惊险、段落清晰、形象单纯的特点。洞内主要景点有：玉瀑厅、莲花池、龙宫、惊魂道、罗汉堂、观庵草堂等。莲花池诗曰："更漏响，莲花放，碧玉潭中笑容妆。天宫神女春意荡，莲花池畔觅情郎。"

3.百神洞

百神洞位于天书山麓，古称玉皇宫。清代乾隆以前洞内置玉皇、八腊、龙王等100多尊神像，故名。光绪十三年（公元1887年），在镇安知县（时属镇安管辖）李天柱主持下，百神洞改建为玉皇宫，在洞口增修寺庙3间，僧寮3间（均毁于"文化大革命"时期），设住持1人、

僧3名，从事佛教诵经、斋戒活动，解放后废之。此洞底层有地下暗河，相传民国初年，有人将一背笼麦糠倒入暗河，七八天后，麦糠在乾佑河入汉江口的山洞中随水流出。该洞有幽深莫测的特点，主要景点有：百神厅、二龙嬉珠、太白池、大圣井、听涛台等。二龙嬉珠诗曰："腾云追逐，意气轩昂。戏嬉作闹，情欢意畅。一派升平景象，千家万户喜洋洋。"听涛台诗曰："浪涛拍岸，天摇地倾。激流飞驰，万马腾空。天上地下，风吼雷动。"

4.风洞

在石瓮子北1000米处的山腰上，相传洞内有一小洞劲风不止，故名。此洞深约15000米，洞道迂回曲折，有可容纳千人以上的大厅5个，有规模大、离奇壮观的特点。洞内主要景点有：壁画厅、黑龙潭、黄龙潭、过风楼、蝙蝠堂、陈杨二道士栖身处等。陈杨二道士栖身处诗曰："功名利禄抛一边，

力仗正义斥贪官。囹圄难囚英雄志，只留骸骨启后贤。"

5.玉霞洞

玉霞洞位于西干沟银洞凹的半山中，海拔1800米。洞口有一高30米，树干直径1.5米的大红柳，树身钉有十多个铁钉，现生长茁壮。相传，大红柳为洞内龙王看守门户千年，卓有功德。龙王感恩让其化作柳小姐，与凡人吴小海婚配。后人为纪念柳小姐似玉般清碧，似霞样斑润的爱情，便将此洞取名玉霞洞。洞内主要景点有：十八潭、静观台、重岩跌瀑、蟹肚子、祭门、青龙潭等。重岩跌瀑曰："蓝溪奔腾波涌，起伏跌富有声。天地惊雷动，细柳舞东风。豪情，豪情，喜看万马奔腾。"

6.金铃洞

金铃洞位于西干沟腰凹，海拔1800米，与玉霞洞相距百余米，因洞口有一金铃塔而得名。该洞周围林木茂盛，苍松、白杨、麻栎、红柳浓荫遮天，时有山羊、野猪、狗熊、小鹿在林中穿行。主要景点有：塔、千佛崖、寿仙宫、玉皇殿、将军峰等。玉皇殿诗曰："白玉华夜不分，人间更漏殿中闻。绣衾吐香逗人醉，兴冲冲，劲奋奋，长空放眼察刃尘。"

武都万象洞>>>

万象洞位于武都汉王镇以南白龙江沿岸的桦林山腰，距陇南市政府所在地7千米。据地质专家考证，该洞已有2.5亿年的历史，是我国西北地区发现的一处规模宏大、艺术价值很高的岩溶地貌，享有"华夏第一洞"的盛誉，号称"地下文化长廊"，又称"地下艺术宫殿"。

万象洞原名仙人洞、五仙洞，因相传有五位仙人在此修炼而得名。万象洞形成于千万年至三亿年前，属典型的岩溶地貌，洞口海拔1150米，高出白龙江150米。洞内深不可测，石乳、石笋、石柱、石幔、石花等自然景观千姿百态，是

雅等特色。龙潭溶洞被誉为攀西第一洞，有三绝：

一绝，洞内岩石色彩艳丽，锦绣斑斓。一般溶洞里的钟乳石、石笋、石柱、石花、石幔都是乳白色的，但龙潭溶洞内的岩石因含有多种矿物质而显得五彩缤纷，堂皇富丽。而且，岩溶地貌奇特险峻，如雪山卫狮、冰林花树、玉山耸拔等洞景千姿百态，将整座龙宫装点得流金溢彩，宛如童话世界，具有极高的科学考察价值，堪称绝观。

二绝，龙潭溶洞由一洞二宫组成。洞口古木森森，碧潭清澈，人字瀑布潇洒飘逸。洞深1300米，前似"龙宫"，后若"天宫"。"龙宫"暗河波涛滚滚，迎宾三瀑、天河瀑布、怒龙瀑布犹如银河穿底，吼声如雷；大冰瀑，小冰瀑如玉琢冰雕，形态逼真；神针、赤龙、观音莲台、宝象、仙人足、龙肝、龙肺石演绎着平定龙乱的神话故事，充满传奇色彩。而"天宫"内有玉树琼花，宫灯帏幔，天马行空，护宫雪狮，蓬莱八仙，西域冰锋……俨然西天王母宫阙，与"龙

宫"形成鲜明对比。其中最大的宫顶高 70 ~ 80 米，长 30 ~ 40 米，宽 20 ~ 30 米，令人叹为观止。

三绝，瀑布众多。龙潭溶洞外有瀑布，内也有瀑布；既有飞流直下的水瀑，又有凝固不动的冰瀑。洞内拥有如此众多的形形色色的瀑布，实属奇观。洞内瀑布如珠帘天垂，跌宕多变，人称龙潭四瀑：人字瀑、迎宾三瀑、天河瀑、怒龙瀑。龙潭碧绿如镜，潭中岩溶形如卧龙、莲花；石笋、石树，晶莹如玉，又像莲台观音与骑象普贤提在手中的一串葡萄，具有极高的艺术观赏价值。

佛爷洞>>>

佛爷洞位于李白故里——四川省江油市城西北 14 千米处，是神秘的川西北最大的喀斯特溶洞。此处上接匡山（又名戴天山）；下连李白读书台；东临观雾、团岭；西依莹华、乾元，它是通往九寨风景区的必经之地。洞的四周山环水绕，古木苍翠，

风光奇绝。民国二十三年，人们在通天清河边发现了一蹲三米多高的石刻如来佛像，故将此洞称为"佛爷洞"。

佛爷洞由三厅、两廊、一河构成，全长 3000 余米，洞内景点 60 多个。全洞从上至下共分三层，第一层从"佛手迎客"至"南天门"。此层凉风习习，沁人心脾，涤荡尘心。步入此层，迎面便是一只巨大佛手从洞顶伸出，似是在欢迎游客的到来。接着便是"三心堂"，所谓三心即天心、地心、人心。还有"圣灯""金

银山""锯台"、天桥"等惟妙惟肖的钟乳石造型，仿若一幅璀璨夺目的艺术浮雕。

由南天门往右，沿着崎岖的"盘陀路"进入第二殿，经过"一柱厅""半天山"，到达约有450平方米宽的"东海龙宫"，内有"定海神针"；"五彩神泉池"水色清澈晶莹，有"白龙越江夺宝""海狮戏莲""别甲神鹰镇金沙""龙王百宝箱"等天然造型，气势磅礴，极为壮观；"武陵园"有牛角尖、簸箕天；"海螺洞"中有"鹤蚌相争""海螺观战""鸣锣助战""石床"等石笋、钟乳石造型，洞内景观相映成趣，令人目不暇接。

然而，"山有洞天不算奇，阴河划船数第一"。沿着弯弯曲曲的跳蹬路，耳听潺潺流水声，眼观"地海横鲸""青蛙驮莲""天地桃""美猴照镜"等景点，来到阴河划船处——"凯旋门"，只见幽幽碧水，微泛涟漪，各种灯光倒映水中，冉冉浮动。阴河内大小钟乳石千姿百态、扑朔迷

猴捞月""菩蒂树""鲤跃观柳"等栩栩如生的景点。行至前方，左有圆盘皎阳，右有弯钩银月，名曰"日月门"。过此门沿石阶而下，道旁有头戴银盔、身披铠甲的"巨灵神"把守仙境要道。要道右方大厅石壁上一条巨蛇从洞内伸头欲奔，一只大龟头颈长伸，状若赛跑，对面石壁上老寿星美鬓长飘，似在笑容可掬地观看比赛，人们称之为"龟蛇奔天门"；要道左方，游人可观看到"雄狮腾空""千佛岩""达摩廊壁""灵芝山""神鹰回首""玉杯""金山、

离，令人目眩。著名的有"孔雀开屏""群象饮水""冰川瀑布""江心岛""钓鱼台""小狗爬山""海龟晒滩""星望江""天生海带""中流砥柱"十大胜景。两岩山势陡峭，曲径通幽，千奇百怪的岩石缝隙中长满了绿竹和野草。山顶石互相堆砌，参差危耸，将附不附，妙趣横生。

阿庐古洞>>>

被誉为"云南第一洞"的阿庐古洞，又名泸源洞，位于泸西县城西2.5千米处，距昆明200千米，是一组奇特壮观的地下溶洞群，即地下喀斯特地貌，与石林景观相似，只是石林在地上，而阿庐古洞在地下。它是亚洲最壮观的天然溶洞穴之一，景区范围1.5平方千米。阿庐山附近有9峰，9峰之中有18洞，俗称"九峰十八洞"。

"阿庐"是彝族语，传说在部落间的战争时期，阿庐部落的酋长率领将士们来到杨梅山下，大海横挡住了他们的去路，偏偏追兵又逼来，他们边抵抗边派9员大将与18位少女星夜扎浮桥。当已经架设了36座桥，只剩最后一座桥的时候，极度的劳累紧张使这9员大将与18位少女在最后的时刻终于支撑不住，纷纷落入海中。等到阿庐率部杀退追兵，来到海边时，9员大将和18位少女已在海水变干涸的地上化作了9座山峰和18个山洞。后来，阿庐部落没有离去，他们就在9峰18洞定居了，因而便有了"阿庐古洞"的名称。

阿庐古洞内有形态各异的钟乳石，它们不仅组成了许多有趣传神的迷人景致，而且所拥有钟乳石的数量之多是别的溶洞无法比拟的。阿庐古洞是溶洞群中的主洞体，分三个旱洞和一个水洞，即泸源洞、玉柱洞、碧玉洞和玉笋河。

1. 泸源洞

该洞因山麓东南源泉自洞穴中溢出而得名。洞额有明代广西知府张继孟所题的"奇观"及清代巡抚谬英所题的"天然石室"字样。洞体为厅堂式，全长700余米，由十余个大小不同、形态各异的厅堂组成，中间有狭道相连，洞穴呈网络状发展，拐弯伸展如地下迷宫。

2. 玉柱洞

出泸源洞5米，即入玉柱洞。可沿洞外石阶上攀观览青峰耸立。洞口石钟乳垂挂如帘，形状别致。玉柱洞全长800余米，为宫殿式溶洞，由十余个规模不同、形态各异的厅堂组成，最大厅堂长70余米，宽30余米，规模宏大。

3. 玉笋河

玉笋河为地下暗河，位于泸源洞、玉柱洞垂深15米之下，全长十余米。河水由北向南流动，流速缓慢，约0.02米／秒，常年不涸。河道宽8米～12米，中心顶高5米，最高处有10米。整个河穹似椭圆形拱顶，河水清澈见底，深0.8～3米。游览只能乘人力之舟，每舟乘6人，

无陆路通行。

4. 碧山洞

出玉柱洞，沿林荫小道西行350米，或乘旅游索道，便可到达碧玉洞入口。洞口位于祭龙山腰，洞穴为峡谷式深洞，洞穴延伸严直，少有大厅，全长720米。洞内钟乳石色如碧玉，故名碧玉洞。洞中玲珑剔透的卷曲石、阿庐玉、石盾（20余平方米）、石编钟皆为阿庐古洞的珍品。

玉溪溶洞＞＞＞

玉溪溶洞位于云南省玉溪市的龙马山背后，距城区约30多千米。玉溪属滇东岩溶区，岩溶地貌比较突出。据地质部门考察，玉溪溶洞属于地质震旦纪的灯影岩岩层，形成已有6至7亿年。而溶洞的形成，则大约在1000至2000万年前。经过雨水、地下水对石灰岩不断溶解、雕塑和修饰，天长日久，就形成了神奇晶莹的溶洞。即便如今，在溶

洞的前半部分，钟乳石还在继续发育着。

　　游人在去溶洞的途中，会先路过红旗水库。水库附近有一口天然涩水井，被人誉为"天然汽水"。井水呈灰色，味兼酸、苦、涩，用红糖泡饮，特别凉爽。由红旗水库继续往前，便可到达溶洞。洞外有小河，流水成瀑，由岩顶曲折淌下，共分三叠，十分壮观。溶洞附近有个喷水箐，箐深沟狭，水响如雷。还有一片小石

林，有的石柱高达 10 米以上。

石林外有两道天生石墙，所以当地群众又称之为"石城"。

　　玉溪溶洞全长 300 余米，洞内最高处有 20 余米，最宽处近 50 米。主洞有大小厅室 4 个，还有 4 个岔洞。洞中通道险峻，高低错落，层次分明。洞中有各种各样的钟乳石，就像是白玉雕成的一座水晶宫。进入洞里，就仿佛进入了一个神话世界。一棵棵粗壮高大的擎天玉石由洞底拔地而起，像精工雕刻的华表，支撑着整个洞顶，仿佛只要把它抽去，溶洞就会坍塌下来；一道道凌空高悬的石幔，宛如"飞流直下三千尺"的瀑布，从天而降，垂到地面。游人用手指轻轻叩击，可发出叮咚的响声；一串串绚丽多姿的石花，盛开在石笋和石柱之间，让人浮想联翩；一个个亭亭玉立的钟乳石峰，宛如娴静的少女在

水晶宫里漫游。穹形的洞顶，异常宏伟。仰首而视，各种浮雕似的钟乳石群，有的像吊灯，有的像浮云，有的像兽类……真是应有尽有，令人叹为观止！

溶洞中天然形成的石笋、石花、石柱、石幔、石象、石兽等，全部都是洁白晶莹的。这些钟乳石，给人的感觉比水晶还要玲珑剔透，比雪花还要洁白，还要一尘不染。洞内的空气特别清凉，时不时还可以听到从倒挂的钟乳石尖上滴下来的水珠的响声。在主洞与第二个岔洞的交接处，还有一泓清泉。池中坐着一对石像，就像是一对正在池中洗浴的金童玉女。

柳井溶洞群 >>>

文山柳井溶洞群位于云南省文山县柳井乡新发寨，洞中冬无严寒，夏无酷暑，四季春色融融。1992年5月，文山县柳井乡新发寨一带遭旱。新发寨的陶文友、杨美忠、刘传荣3人为解决缺水之急，不惧传说洞中有山妖水怪的危险，冒死钻洞寻水，方才发现了这个罕世的地府洞天。柳井溶洞一经发现，很快就以其庞大的规模和神奇的景观，成为云南颇负盛名的溶洞之一。

柳井溶洞是一个庞大的溶洞群，由一号洞、二号洞、三号洞、四号洞、五号洞组成。一号洞全长860.6米，分上下两层，上层304米，下层556.6米。洞内有19个厅9个堂，洞中有洞，洞洞相连，层层秀奇。洞内有池，池中有"树"，池水清澈照影。洞内奇石甚多，黄的若琥珀，红的如玛瑙，白的似羊脂，色彩斑

斓。洞中溶岩形态各异，引人浮想，有名为"罗汉迎宾""游龙回宫""羚羊祝寿""耗牛归凡""灵龟出海""犀牛戏水""定海神针""方天画戟""玉树凌空""龙宫帐幔""雪山玉佛""海豚出水""天宫乐池""大兴晚钟""并蒂莲花""三仙寻姑""银河飞瀑""送子观音""石幔编钟""银边灵芝""雪山莲花""冰晶雪人"等共80余个景观，每个景观都有一个美丽动人的传说。

除以上景物外，洞中还有像狮似虎、似鹰似鹞、或立或卧、或伏或蹲的溶岩，还有维妙维肖的溶岩人物形象，有的取名屈原赋骚，有的取名陶潜醉归，有的叫咪彩晒裙，有的叫男耕女织，皆为依形赋名，令人叫绝。洞中有莹莹小池一潭，唤名"贵妃浴池"。还有一根根石笋、钟乳，有的自洞顶垂下，有的自洞底上撑，取名"银线穿天""圣洁仙竹"，观来妙趣横生。更妙不可言的洞中有一处叫"石幔编钟"的景观，

宛若一条音乐走廊，游人用手往空心的石幔壁上一拍，就能发出不同音阶的乐声。如果组合得当，还能拍击出简单的曲调来，真是鬼斧神工，令人赞叹不已！

二号洞长436米，内有一个可容万余人的特大厅堂。洞底有条暗河，外露的水域长40米、宽2米、

深 0.5 米，河水清澈，流动时平静无声。洞中的石笋、石柱、石幔、石山千姿百态，令人赏心悦目。

通过岩溶无甚独特的三号洞，即可抵达位于一号洞"七姑仙宫"景观南侧 800 米处的四号洞。此洞穿山而过，长 94 米，中部有一个宽 30 米、长 20 米、高 15 米的宽敞大

厅，厅内有十多个小石盆。洞内盛满了洞顶渗落的净水，蝙蝠成群翻飞，遍布灰白、灰黄色彩的石钟乳、石笋，景观如雕如画，蔚为壮观。最引人注目的要数两棵各高十余米的撑天石柱，两柱相距仅 1 米，一粗一细，纹理斑驳。柱下布满了如灵芝似芍药的珊瑚状石花，煞是美观秀丽。有人以诗赞誉其美："玉树琼花压枝低，露凝灵芝朵朵奇。引来千里金凤鸟，含神敛态欲展衣。"

五号洞称"孔雀宫"，距一号洞 140 米，洞长 520 米，洞内有名为"孔雀迎宾""双狮望月""千钧一发""孔子讲学'"人间异景"5 个景观。靠西南处有一岔洞，长 116 米，内又有不同名称的 22 个景观可供欣赏，让人目不暇接。更为特别的是，洞中还有一只形似孔雀的奇石，娉婷伫立于一堵岩石之上，它抬着头，反向注视着它身上美丽的羽毛。形象之逼真，令人叫绝。

西溪仙人洞>>>

四川省西昌市西溪仙人洞是一处长达 10 千米以上，规模颇大的岩浆溶洞。它位于西昌市东南部的凉山州螺髻山畜牧场境内，属省级自然风景点，距西昌市区 30 千米，有 9 千米长的专用公路与 108 线国道相连。

西昌西溪仙人洞洞口处海拔 2025 米，洞深预测约 10000 米，现已开发近 700 米，属石灰岩溶洞，形成年代约在亿年以上。洞高在 2～20 米之间，宽约 3～25 米不等，依其洞体延伸状况，可划分为 6 个"大厅"。该洞洞体弯曲起伏，宽窄相间，窄处只能一人穿行，宽处却是厅党连贯，可容数百上千人。洞内岩溶景观千姿百态，或动或静，或禽或兽，栩栩如生，鬼斧神工。有的如宫殿庭院，有的如山川河流；有的如花草树木，有的如人兽鸟禽；有的颜色红艳欲滴，有的则碧绿透明。五光十色，缤纷绚丽，迷人眼目，宛似仙境。一条暗河紧贴洞壁向北流去，耳畔不时传来潺潺流水声，似音乐节拍，沁人心脾，令人心旷神怡。洞内一口数十米深的竖井旁，有清光绪二十三年春所立石碑一座，上篆刻有"深幽奇险"四字，故人称"仙人洞"。

洞中岩溶形态发育比较齐全，既有暗河、瀑布、深潭、竖井、落水洞、天生桥、跌水石等，又有溶沟、石芽、石笋、石柱、石幔、石蘑菇、石钟乳，琳琅满目，形态各异，景观相连，千姿百态，令人眼花缭乱，目不暇接。

西昌西溪仙人洞由于地处螺髻山下，因而出入口及其周边植被良好，林木葱郁，环境优美，气候宜人，洞内年平均气温保持在 15℃～17℃之间，是游人度假休闲的理想去处。

第三章　世界溶洞

　　喀斯特分布在世界上极为零散的地区，如法国的科斯、中国的广西、美国的肯塔基州等。世界上其他国家的喀斯特分布虽然没有中国这么广泛、密集，但也不乏一些比较有特点的溶洞，比如美国的猛犸洞、法国的拉斯科溶洞等，它们都以其独特的造型和丰富的溶洞资源著称于世。下面，我们就来简单介绍一下世界各国比较著名的溶洞景点，并介绍一下这些溶洞的发现过程、内部景观以及分布情况，使大家能够对世界范围的溶洞资源有个简单的了解。

猛犸洞

猛犸洞是世界上最长的洞穴，以古时候的长毛巨象猛犸命名，位于美国肯塔基州中部的猛犸洞国家公园，距肯塔基州鲍灵格林约80千米，是世界上已知的最大、最多样化的地下洞穴体系之一。

猛犸洞中现有约16千米对游客开放。它由255座溶洞分五层组成，上下左右相互连通，洞中还有洞，宛如一个巨大而又曲折幽深的地下迷宫。在这些洞中有77个地下大厅、3条暗河、7道瀑布、多处地湖，总延伸长度近250千米。猛犸洞以其溶洞之多、之奇、之大称雄世界。在77座地下大厅中，最高的一座被称为"酋长殿"，它略呈椭圆形，长163米，宽87米，高38米，厅内可容数千人。此外，还有一座"星辰

大厅"很富诗意，它的顶棚由含锰的黑色氧化物形成，上面点缀着许多雪白的石膏结晶，从下面看上去，仿佛是星光闪烁的天穹。洞内最大的暗河——回音河低于地表110米，宽6～36米，深1.5～6米，游客可乘平底船循河上溯游览洞内的风光。河中有一种奇特的无眼鱼——

盲鱼，其他还有甲虫、蝼蛄、蟋蟀，以及许多褐色小蝙蝠潜伏在人迹罕至之处。

传说在1799年，一个名叫罗伯特·霍钦的猎人在追逐一只受伤的野熊时，无意中发现了猛犸洞穴。人们后来在洞中还发现有鹿皮鞋、简单的工具、用过的火把以及干尸遗体等，说明很久以前就有人在此居住了。1812年第二次英美战争期间，这里是开采制造火药的硝石的矿场。战争结束后，矿工们不再开矿，于是猛犸洞穴就成为了公共游览的场所。洞穴内还有弗洛伊德·柯林斯水晶洞，由洞穴探险家柯林斯在1917年发现。这个水晶洞连接着另外至少15个类似水晶洞的洞穴，是这一庞大洞穴系统的中心。

猛犸洞穴的内部非常大，而且许多洞坑都是历史悠久的，因此被联合国列入了世界遗产名录。猛犸洞穴到底有多大至今是个谜，因为几乎一直都有新洞穴和新通道被陆续发现，这个壮观的迷宫也一直在往地下拓展。这里有流石、钙华、扇形石、石槽以及穹窿，还有石膏晶体与溶蚀碳酸盐景观、水洼与逐渐消失的泉水、高耸的石柱、狭长的通道以及开阔的岩洞。

猛犸洞穴是一个美丽与神奇的综合体，地下洞室一个接着一个，拥有许多不可思议的奇异景象：锥形石钟乳与石笋、厚厚的石瀑、带状晶体、细长的石柱以及长笛状石盾。来此徒步旅行的人会发现自己徜徉于一个广阔伸展的空间中，周围遍布地下湖泊与峡谷、瀑布与小溪、狭长的走廊与拱形穹窿。这是一幅不可思议的美景，犹如迪士尼童话中埋藏在地下的童话世界，又像是爱伦坡诗中的神秘幻境。

康戈溶洞群

南非的康戈溶洞群发现于
1780年，当时人们只能深入
洞内几十米，现在游客则
可走至200米之远。在
主洞"波塔厅"里最吸
引人的也是钟乳石和石
笋，由它们合成的石柱远
看上去就像"结成冰的瀑布"。
当然这个名字并不是随便起的，在
人造光的照射下，它确实能给人一
种"罕见冰柱"的感觉。还有一个
叫"范·齐尔厅"的溶洞以其独有

的"布景和道具"给人无限幻想，
使人在其中流连忘返。

弗拉萨西溶洞

欧洲的最大溶洞之一的弗拉萨
西溶洞位于意大利马尔肯地区，它

是由来自亚平宁山脉的森蒂诺河沿
东北河道急流入海时切割而形成的

一条 3.2 千米长的弗拉萨西峡谷。该溶洞群全长 35 千米，石灰岩峭壁上密布着由石灰水滴成的溶洞群，

其中最高的溶洞有 240 米高。在弗拉萨西洞的各个洞穴里，可以看到奇妙分布着的石柱、钟乳石、石笋以及其他形态的石灰岩。其中，给人印象最深的是德尔文托溶洞，在这个欧洲最大的单厅溶洞里，迷人的天然石笋在五颜六色的灯光照耀下，让人觉得仿佛是米兰大教堂搬到了这儿。虽然参观这已经开放的溶洞大教堂要花上 1 个小时的时间，不过让游客特别舒服的是溶洞里的温度常年保持在 14 度左右，因此在炎热的夏天里，这里仍不失为一个绝佳去处。

拉斯科溶洞

拉斯科溶洞是位于法国多尔多涅省的一处石灰岩溶洞，发现于 1940 年，因洞中各种图像种类繁多，制作方法多样，被誉为史前的卢浮宫，其中重要的绘画遗迹均集中于主厅和两个主要洞道中。该洞的主厅面积为 138 平方米，洞壁上有许多动物形象，呈水平排列状。在厅中入口对面一块崩裂的壁面上，绘有一头长达 5 米的大野牛，由黑线勾出轮廓，头、腿和腹部的下沿也涂有黑色。在洞窟入口对面左侧的中轴画廊左右两壁上还绘有牛、马、野驴和母鹿、野山羊等。"中国马"位于右壁，以黑色勾出轮廓，棕色和黑色涂染。马的腰身肥大，腿短且瘦劲，表现风格与主厅的绘画迥然不同。在靠近主厅的一条洞道中，动物形象多为线刻，尤以侧端井状坑坑壁上的"人与欧洲野牛争斗"最为突出。据分析，该洞窟中的主要图像归属 3 个阶段：早期主要为单色线描，以主厅中的两头大野牛为代表；中期用黑色勾轮廓，红、棕色涂染，以"中国马"为代表；晚期主要用黑色绘制，以中轴画廊左壁的大黑牛为代表。上述 3 个阶段均属于奥瑞纳 – 佩里戈尔文化圈。可以说，拉斯科洞窟壁画是研究旧石器时代艺术发展的重要例证。

巴拉德拉洞群

巴拉德拉洞群是欧洲最大的洞穴之一，位于匈牙利东北部与斯洛伐克交界处，是一组错综复杂，通道漫长的地下洞穴群。通道总长 22 千米，其中 15 千米在匈牙利境内，若从西端格泰莱克洞进入，从东端

人厅、圆柱大厅、音乐厅、中国宝塔、幽灵洞、屠户、比萨斜塔、寺院、仙女城堡、冰冻瀑布、小黄河、狮子头、乌龟、天文台等。其中"天文台"是世界上最大的石笋，高25米，底部直径8米；"巨人厅"是欧洲最宏伟、壮观的洞穴大厅，长120米，宽30米，高40米；"圆柱大厅"里有几百根颜色不同的冰柱，匈牙利著名诗人裴多菲曾在其中的一根圆柱上刻字留念。

约斯瓦弗洞出，总共需要好几个小时。它是世界上同类型洞穴中最长、钟乳石最多的一个。洞中的钟乳石和石笋姿态万千，色彩各异。

洞穴内的大厅依形定名为：巨

波斯托伊那溶洞

波斯托伊那溶洞位于斯洛文尼亚共和国境内距首都卢布尔雅那西南54千米的波斯托伊那市，是欧洲第二大溶洞。溶洞全长27千米，洞

深 115 米，海拔 562 米，是由比弗卡河的潜流对石灰岩地层长期溶蚀而形成的。洞内胜景甚多，洞内套洞，

有隧道相连，形成一条奇伟的山洞长廊，有辉煌厅、帷幔厅、水晶厅、音乐厅等 4 处主要岩洞，其中尤以音乐厅景色为胜。音乐厅是一处面积约 3000 平方米的大洞，形似一座巍峨的宫殿。洞内音响效果极好，因而经常在此举行岩洞音乐会。洞内还有高悬的钟乳和挺拔的石笋，有的像巨大的宝石花，冰晶玉洁；有的似圣诞老人，笑容可掬；或似雄狮下山，或如飞鸟展翅，五光十色而又千态百姿。流经洞内的地下河忽隐忽现，时而清澈宁静，时而急流奔泻。

下龙湾中门洞

下龙湾位于越南海防市吉婆岛以东，鸿基市以南，是一个风光秀丽的国家海湾公园，1994 年联合国教科文组织将其列入《世界遗产名录》。中门洞是下龙湾一个著名的山洞，分为形状、规模各不相同的三间。

外洞像一间高大宽敞的大厅，可以容纳数千人。洞底平坦，洞口与海面相接。涨潮时，小游艇可以一直开进洞口。从外洞通往中洞的拱形洞口一次只能容一人通过，旁边立着一块灰白色的大石头，像一头大象守卫着洞门。中洞长8米，宽5米，高4米，是一个精美的艺术馆。透过拱形洞口射进来的暗淡光线，照得一座座钟乳石象闪现出绮丽的光彩。再通过一个螺口形的洞口，就进入了一个长方形的内洞。这个洞长约60米，宽约20米，四周钟乳石分布错落有致，还有很多自然形成的小洞及生动的雕像造型。

怀托莫溶洞

怀托莫溶洞位于新西兰奥克兰以南168千米的蒂库伊蒂附近，是新西兰著名风景区。它主要由3个各具特色的大溶洞组成，即怀托莫萤光虫洞、鲁阿库尔洞、阿拉纽伊洞，其中以怀托莫萤光虫洞最为著名。"怀托莫"在毛利语中意为"流水贯洞"，其洞顶和洞壁上满布。新西兰萤光虫，尾部长有绿色光发体，如繁星闪烁，熠熠生辉，这一奇观被英国大文豪肖伯纳誉为世界奇观；鲁阿库尔洞，毛利语意为"狗洞"，洞内曲径通幽，深入地府，石钟乳如条条白练下垂，石笋、石幔高矮参差、各具其妙；阿拉纽伊洞内石钟乳洁白如雪，有一胜景名为"东方舞台"，林立的石笋在彩灯的照耀下，映现出东方传奇故事中的各种人物，使人浮想联翩、流连忘返。

第四章　溶洞传说

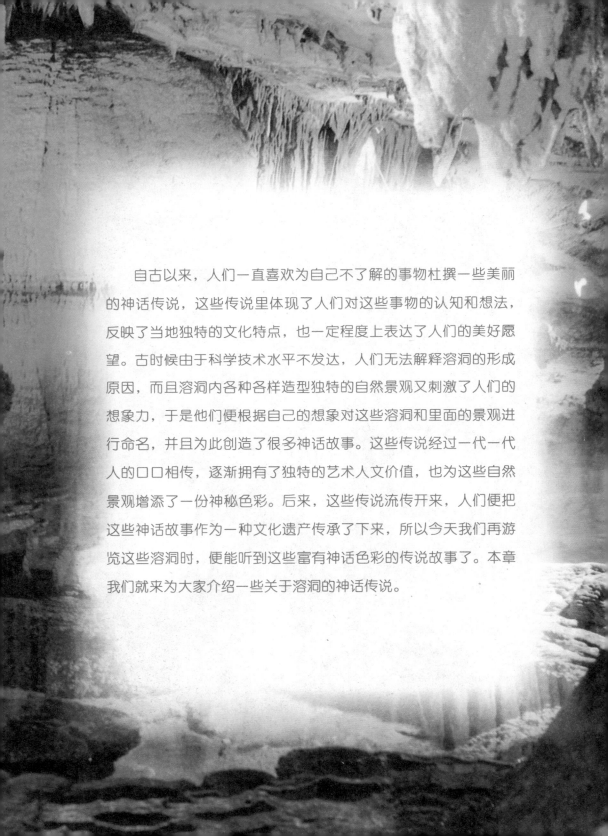

　　自古以来，人们一直喜欢为自己不了解的事物杜撰一些美丽的神话传说，这些传说里体现了人们对这些事物的认知和想法，反映了当地独特的文化特点，也一定程度上表达了人们的美好愿望。古时候由于科学技术水平不发达，人们无法解释溶洞的形成原因，而且溶洞内各种各样造型独特的自然景观又刺激了人们的想象力，于是他们便根据自己的想象对这些溶洞和里面的景观进行命名，并且为此创造了很多神话故事。这些传说经过一代一代人的口口相传，逐渐拥有了独特的艺术人文价值，也为这些自然景观增添了一份神秘色彩。后来，这些传说流传开来，人们便把这些神话故事作为一种文化遗产传承了下来，所以今天我们再游览这些溶洞时，便能听到这些富有神话色彩的传说故事了。本章我们就来为大家介绍一些关于溶洞的神话传说。

望天洞的传说

　　关于望天洞有一个神话传说。相传晋朝咸和年间的一天，白娘子同妹妹青儿一同游览西湖美景，不料天降大雨；幸好许仙借伞给白娘子，两人一见钟情。后因法海和尚破坏，白娘子被镇在西湖边的雷峰塔下。青儿逃脱后寻一仙地进行修炼，功成后救出姐姐。这段故事被世人传颂至今，但鲜少有人知道传说中青儿修炼之处便是我们如今所说的望天洞。民间一直传诵着这样一首歌谣："望天洞府洞望天，晋朝咸和住过仙。若问此仙是哪个，青蛇修炼十八年。"还有一首诗是这样写的："望天洞府洞天望，藏龙青山青龙藏，古今传颂传今古，光赏请君请赏光。"

　　原来，在青儿逃脱后，她四处飘游，欲意寻求一栖身之地好修炼功力，待时机成熟再战法海营救姐姐。但她历尽艰辛，寻遍大江南北山山水水，也没寻到理想的栖身之

173

地,心也渐渐地冷了下来。偶有一天,她在空中闲游,突然发现一山,隐隐约约见山中有一洞。但见那山:"霞光异彩,峭壁奇峰,麒麟独卧,风翔鹿鸣。峰头锦鸡常起舞,深涧时有龙腾跃。瑶草奇花时时秀,苍松翠柏处处青。一条银河烟波内,绿水野雁丹鹤飞。"青儿停在空中观赏多时,思忖良久,觉得一定是个好去处,便飞下云头,来到洞口观看。只见洞内紫气蒸腾,霞光万道,片片烟霞,祥云缭绕,翠藓挂壁,钟

乳似玉,鲜花四时不谢,瑞草万载常青。洞内深处是洞中有洞,洞洞相连,大洞套小洞,迷宫连环,四周玲珑玉石垂挂,下有潺潺流水,上有乳窟莲花,左右柳枝常带雨,中间莲上是菩萨。

从此,青儿便在此洞住了下来,刻苦修炼功力,深居简出,不分昼夜。白天吸太阳之精华,夜晚收星月之灵光。息时倍思姐姐,便透过洞口仰望天空,一十八载日日如此,岁岁如新,被当地人们传为佳话。望

天洞因此而得名。青儿功成圆满后，回杭州大败法海，推倒雷峰塔，救出了姐姐白娘子，家人团聚。从此杭州西湖名扬天下，而青儿栖身修炼之境地却鲜为人知。

望天洞对外开放以后，吸引了无数专家、学者和游客。人们在游览这奇洞异景的同时，也都在回味这个动人的神话传说。

黄龙洞的传说

在索溪北岸有一个何家坪，乾隆年间碰上了一次百日大旱，田土开裂，庄稼枯焦，坪中四百来亩水田遭到干旱的严重威胁。老百姓急得没办法，只好央求当地有名的法师何俊儒打洞求雨。何俊儒也十分焦急，因为他已经偷偷祈雨好几晚了。就在百姓们上门求他的前一天夜里，他朦胧睡去，梦见一位少女来到床前告诉他："你要求雨，必须找我爸爸。"

"你爸爸叫什么名字，住在哪里？"

"你不要问他的名字。我家住在角儿山脚下的黄龙洞里。这一带的雨水全被我爸爸吸去了，你要找到

他，才能求到雨。"

一觉醒来，何法师不胜欢喜，知是好心的龙女来报梦。于是他吩咐徒弟们回家去准备香纸、火把、松明子。第二天大清早，何法师穿上了十二件镇魔法衣，手拿司刀、铜铃，带上六个徒弟去打洞求雨。老百姓听说何法师要进洞，便自动组织起来，打着四班锣鼓将他们送到洞口。何法师烧了一些纸线后，从腰间解下一双草鞋放在洞口，然后对送行的人们说："我进洞以后，你们若看到两只草鞋打起架来，千万不要发笑，草鞋越打得凶，你们越要擂鼓助我的威。只要做到这点，我就可以胜利出洞。"

送行的人们连连答应，何俊儒便率领徒弟们点着松明子、葵花茎，匍匐进洞了。河法师凭借司刀、铜铃和法衣，仗着他在宝峰仙山跟随铁弹祖师炼得的三昧真火，闯过黄龙潭，飞越黑灵峡，偷过崩流渊，历经了四十八大岔，来到聚龙潭。这里有成千上万条巨蟒盘踞，潭后金碧辉煌的龙座上盘绕着一条巨大的黄龙。只要取得黄龙口里的龙液出洞，向天一洒，顷刻便可降下甘霖。何法师见聚龙潭难渡，便脱下身上所有的法衣联成一只"衣筏"，师徒们乘坐上去，施展法力，从巨蟒间划了过去。

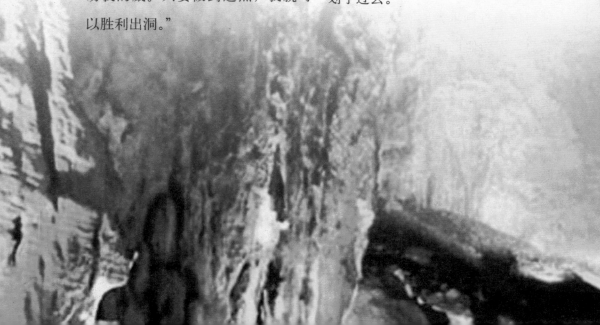

何法师奔上龙宫，趁黄龙正午眠之机，将司刀挂在龙角之上，使它不能变化飞腾，然后取出香纸烧化，祈求它恩赐点雨水。那黄龙睁开双眼，叫法师取出九龙杯来，从口头滴下一滴龙涎。法师求情说，外面是百日大旱，这一点太少了。龙王张开口又滴下一滴，法师仍嫌少，又苦苦求情。谁知这次任他求情千遍万遍，那黄龙却再也不张口了。何法师等得不耐烦了，便把九龙杯朝龙头上砸去，这一砸不打紧，那洞内旋即涌起滚滚波涛。那龙王的头被司刀定住不能动弹，它的全身却猛烈地扭动起来，它的尾巴像铁棍一般，打烂了何法师师徒们的"衣筏"，使法师们无法乘坐"衣筏"和它周旋。但何法师师徒也早有准备，各自施展法力和黄龙在洞中"肉搏"起来。

其实，当法师盛得第一滴龙泉时，守护在洞口的人群便已见天上下起雨来；当盛得第二滴龙泉来，已是倾盆大雨从天而降了。大家正在庆幸之时，却见洞口两只草鞋打起架来。起先，他们还遵照法师的嘱咐忍往笑，继续擂鼓助威，不多久见干旱也快解除了，鼓也被打湿

177

敲不响了，又见那两只草鞋飞腾起来在空中相斗。看着这般奇迹，人们个个忍不住笑出声来。谁知洞口的鼓声一歇，人群一笑，就助长了黄龙的威风。那水越涨越大，几乎挤满了聚龙潭的所有空间。何法师见状，只好变成一根木料，叫徒弟们变成六只小鸭栖于木头上漂浮出洞来。但因水势太大，洞又时宽时窄，一路东碰西撞，水鸭被撞死，木头也碰得浑身是伤，漂入索溪河中，被一打渔人捞着。一会儿，木头渐渐变成人形。打渔人认出是何法师，赶忙将他背回家中调理治疗。何法师醒过来后，只对打渔人说了句："宁愿干死当门田，莫打黄龙泉。"便永远闭上了眼睛。再说那黄龙被何法师挂上了司刀，不能再兴风作浪了，从那以后，黄龙泉便常年流出清清的泉水，世代灌溉着何家坪这四百亩农田，也滋润着索溪两岸的万亩庄稼。只是从此黄龙洞再也无人敢进，它的名字也永远地流传了下来！

四门洞的传说

四门洞位于山东省沂水县城西南 20 千米院东头乡四门洞村东峙密山（古谓之"时密山"）西北麓。传说很久以前，此地森林茂密，常有豺、狼、虎、豹四兽危害人间。有一次吕洞宾路过这里，闻知此事，便挥剑施法，将四兽压于时密山下。日久，四兽思过，商定如能出山，不再害人。某日，四兽同时向东西南北四方奋力挖山逃窜，结果全部挣脱。于是山便有了洞，洞便有了四个门，此便是"四门洞"的由来。四兽逃走后，吕洞宾二次路过此地，想起压于山下的四兽，寻找多时，不见踪迹，只见一洞有四门，甚为奇怪，于是进洞观瞧，发现洞中有洞，水流千转，万丈深渊，景色别致，瑰丽多姿。再细听时，又似有

琴音缭绕。洞宾大喜，决定在此修炼。有牡丹仙子得知洞宾在此，也来到此地，在附近一洞中修炼，于是便产生了为后人所津津乐道的洞宾戏牡丹的传说故事。

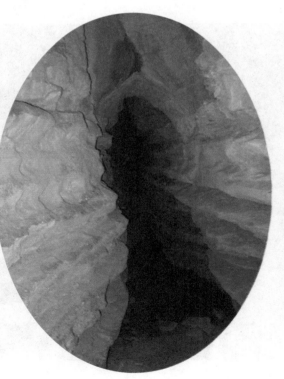

洞内奇景和神秘传说构成了四门洞浓厚的民间文化氛围。四门东与附近的行宫殿、升仙塔、沂蒙碑林园、浴仙湖、牡丹亭等景观构成了有别于他地的独特风景，具有很高的观赏价值。

仙女洞的传说

四川省的仙女洞位于达州通川区罗江镇，距达州市 11 千米，占地面积 115 亩。关于这个仙女洞，民间流传着很多美丽动人的传说。有一个传说，从前山下住着一户贫苦农家，家中只有老两口和一个儿子，后来儿子娶了一个漂亮、贤惠又聪明的儿媳妇。由于战乱，儿子被拉去当壮丁，一去不回。媳妇思夫心切，便每天拿着针线鞋底，到洞上的山崖上，一边纳鞋，一边眺望山下小路，盼夫归来。

一直望了许多年，丈夫依旧杳无音信。但她仍然每天上山为丈夫纳鞋底。开始时，她还下山做饭干活，久而久之，人们只见她整日在山崖上不再下来，不喝不吃。后来人们喊她，她也不答应。再后来便没人见过她，有人说她已化作仙女飞上了天堂。

另一传说，洞内有一石台，仙女立于石台之上，紫气霞光，一派仙境气象。更深月夜，仙女沐浴洞前河中，浴后河水清澈见底，润五谷，壮禾木，可治人间百病，因而受世人朝拜，香火不绝。一天，鲁班带领五

个徒弟使法术鞭赶石头，欲建罗江口的罐子滩大桥，行至洞前，见仙女正在水中嬉游，光艳照人。鲁班虽是正人君子，也为仙女的艳容惊呆，停步不前。仙女发现后，羞涩至极，忙隐身洞中，化作一尊石像。这时，鸡鸣报晓，法力消失，鲁班

乃弃石而去，留下的石头形成1000米的峡谷，因两岸峭壁紧锁，酷似人耳，故名"长耳峡"。山洞因有仙女居之，故名"仙女洞"。

还有传说此洞乃玉帝五女金华小姐养道修行之圣地，历朝历代都设坛焚香敬奉。据现存碑记可得知，

清乾隆四十三年、嘉庆十七年曾多次投资复修洞府，

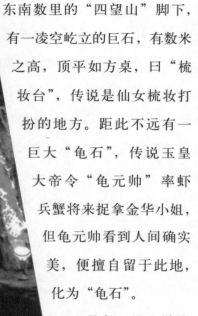

直至解放初还有道士管理。仙女洞东南数里的"四望山"脚下，有一凌空屹立的巨石，有数米之高，顶平如方桌，曰"梳妆台"，传说是仙女梳妆打扮的地方。距此不远有一巨大"龟石"，传说玉皇大帝令"龟元帅"率虾兵蟹将来捉拿金华小姐，但龟元帅看到人间确实美，便擅自留于此地，化为"龟石"。

现在，仙女神像与洞府虽被毁坏，但这神话故事与仙女洞却将永远流传下去。

紫阳溶洞传说

孙悟空被如来佛祖压在五指山下之前，曾被玉皇大帝封为"齐天大圣"。受封后的悟空兴高采烈回到花果山，和猴儿们一道大摆宴席庆贺，开怀畅饮。酒过数巡之后，从山下走过来一帮人，为首的是一位

极其美丽的公主，一问才知道，原来她是来请悟空给她帮忙的。

悟空热情地将公主一行人员请上山，好酒好菜招待他们。由于过于兴奋，悟空并没立即问公主因何来此，只顾一味招待他们。眼看太阳就要落山，公主感到阵阵压抑迎面扑来，因为她天黑就会变成蟾蜍，不能说话办事了，所以焦急万分。公主想："如不找回龙王三太子放水，西陵峡区一带旱情就没法缓解，万众生灵即遭涂炭……。"

但此时花果山上欢声雷动，喜气洋洋。公主几次欲言而止，不知如何是好。公主心思重重，忐忑不

安，哪有心思吃喝动碗筷。悟空看到后上前问道："公主何事烦恼？不妨讲出来听听，看本大圣能否解决。"悟空的一席话正说到公主心坎里，公主连忙起身道："大圣不知，我乃西陵峡口镇守刘剑之女，只因家父冒犯了天庭，天庭便将我扣押在峡口南岸的紫阳洞中昼夜守候。可恨的是，夜间还将我变成蟾蜍样，虽在洞中把持水源，但无调拨使用权，只有原洞主即井龙王的第三个儿子才有调拨大权。可那玩世不恭的龙王三太子现不知云游到何方？我要等他回洞换防后，才能去掉这身蟾蜍衣恢复人型。而且菩萨还再三向

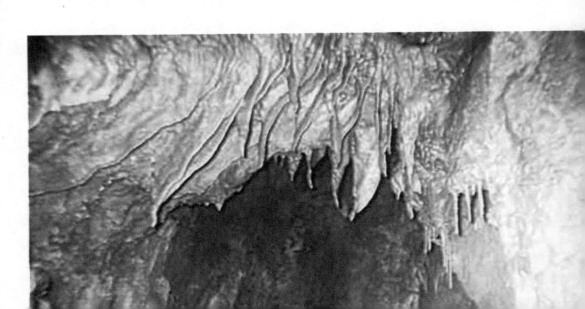

我强调：'龙王三太子回宫前，你不得动用洞府中的水，如果擅自动用的话，那这张蟾蜍衣将永远在你身上，世世代代脱不下来，你就莫想恢复人型了。'"

公主叹口气接着说道："当今西陵峡口一带旱情非常严重，河床干裂，民不聊生，照这样下去，过不了多久就会出现饿殍遍野的惨状。我来就是请大圣帮我尽快找回三太子，放水救世于民。如果找不到的话，我只有破釜沉舟违背菩萨的意愿放水了。"悟空正言劝道："你千万不可乱来，我这就去找龙王三太子，叫他回来放水就是。"公主道："大圣，你要开导开导龙王三太子，叫他不要贪玩，应该奉公职守，掌管水源，造福于民。"悟空道："这是应该的，好说好说！"公主再三嘱咐孙悟空抓紧时间，因为灾情不等人。

等公主走后，大圣立即从水帘洞口的河床顺河而下，很快找到井龙王。经打探，才知道那位玩世不恭的三太子是西陵井龙王的第三个儿子，从小就不守规矩，而且野性难驯。自任西陵峡口点卯放水官以来，从来没正儿八经上过班，成天东游西荡，云游四海，搞得峡口一带常年缺水，旱情不断。要去招回形迹不定的三太子，实在是太难了。悟空招来各处土地菩萨，都说见过三太子，但早就离开了。后来当悟空得知"齐天大圣"只是空有虚名时，一气之下大闹了天宫，被如来佛压在了五指山下，这一压就是五百年。

公主回到紫阳溶洞之后，一直在焦急地等待着悟空的消息，度日如年。一晃半年多过去了，悟空这边仍杳无音信。看到周围百里旱情越来越重，公主心急如焚。派往花果山的人回来说，孙悟空已被压在五指山下动弹不得。公主只得暗下决心，要做出英雄壮举。她对洞中的生灵说道："看到赤城千里饿殍遍野的惨状，我无法再等下去了，我决定带全洞之水解救众生，事不宜迟……"。众生灵异口同声说道："这样做，你就将永远披着蟾蜍皮，

子孙万代都将在水滩池塘中惨度余生。"但此时早已将生死置之度外的公主说道："灾情这样严重，要想救万民免遭涂炭，我不下地狱，谁下地狱"。在众生灵一片反对声中，公主孤注一掷，带出了洞中所有甘露，并将水源改道，使洞中满池的甘露滔滔不绝地流向原野，奔向农田村庄。从此洞中甘泉变成滔滔不绝的山泉水，顺山而下，绵绵不绝，冲绿了山川田野，救活了受苦受难的两岸人民。

公主的大胆之举严重触犯了管事的菩萨，他立刻将公主点成蟾蜍，并且打入荒山野岭。从此蟾蜍终无居所，四处漂泊。菩萨又派各路神仙查找，从万里之外找回了并龙王的三太子，将其打回洞中，命他终身镇守枯竭的溶洞，不得外出一步；他所掌管的西陵峡口的大小河流听从雷公电母的安排，下雨的点数条律控制不得有误。自从公主带出满池清水后，池中无水，枯竭见底，只留下池边雕花的汉白玉围栏。三太子成天趴在洞中，无所事事。传说洞口的龙藤母根就是三太子的尾巴，它随着时间的流逝，越长越长。

香山溶洞传说

据《洛南县志》记载，6亿年前，现在的秦岭山系在地壳运动中下沉，被海水浸没。到距今 5.2 亿年至 4.4 亿年间，地壳又上升隆起变为陆地。受地球内应力的作用，岩浆浸入缝隙成为火石岩。这种富含碳酸钙元素的岩石经洞中积水冲刷浸泡，发生了化学反应，生成了溶洞钟乳石笋奇观。这些大自然鬼斧神工的景观被后人幻想演绎成为一个个美丽的神话故事，洛南香山溶洞就是一个例证。

传说八仙为王母娘娘祝寿后，铁拐李手提酒葫芦与吕洞宾告别众仙，结伴往下界巡游。二仙发现一

状如香炉的山腰绝壁有一洞府，便飞身进洞，见洞内钟乳突现，美不胜收。二仙一边观赏，一边畅饮。此时，洞外一声巨响，一股大水自山脚下一洞穴奔涌而出，四下一片汪洋，淹没了周湾一带良田民宅。铁拐李与吕洞宾一起出洞，见山谷水头有一修炼千年的蛟龙正在兴风作浪，二仙便与蛟龙斗法。但见水势渐小，被吸入葫芦之中。蛟龙失败，幻化人形跪地求饶。二仙便罚其堵住洞穴水口思过，蛟龙遵命化为巨石压在洞穴水眼上。二仙还唤出香炉山护神，监管蛟龙。从此，周湾一带风调雨顺，五谷丰登。百姓为纪念二仙降龙造福，在山下建庙焚香，把降龙之山取名"香炉山"，蛟龙堵水处称"思过泉"，香炉山间那形似佛头的山岩叫"香炉护神"，二仙飞临之洞就是现今人们开发游览的"香炉山溶洞"。